AMBIGUOUS LOSS

模糊的丧失

如何带着未解决的伤痛生活

[美]保利娜·博斯 著

木木 译

中信出版集团|北京

图书在版编目（CIP）数据

模糊的丧失：如何带着未解决的伤痛生活 /（美）保利娜·博斯著；木木译. -- 北京：中信出版社，2025.7. -- ISBN 978-7-5217-7788-8

I. B84-49

中国国家版本馆 CIP 数据核字第 2025RL4157 号

Ambiguous Loss: Learning to Live with Unresolved Grief by Pauline Boss
Copyright © 1999 by the President and Fellow of Harvard College
Published by arrangement with Harvard University Press
through Bardon Chinese Creative Agency Limited
Simplified Chinese translation copyright © 2025 by CITIC Press Corporation
ALL RIGHTS RESERVED
本书仅限中国大陆地区发行销售

模糊的丧失——如何带着未解决的伤痛生活
著者： ［美］保利娜·博斯
译者： 木木
出版发行：中信出版集团股份有限公司
（北京市朝阳区东三环北路 27 号嘉铭中心 邮编 100020）
承印者： 北京通州皇家印刷厂

开本：880mm×1230mm 1/32　　印张：7.5　　字数：128 千字
版次：2025 年 7 月第 1 版　　　　　印次：2025 年 7 月第 1 次印刷
京权图字：01-2025-2213　　　　　　书号：ISBN 978-7-5217-7788-8
定价：49.80 元

版权所有·侵权必究
如有印刷、装订问题，本公司负责调换。
服务热线：400-600-8099
投稿邮箱：author@citicpub.com

致艾莉

AMBIGUOUS
    LOSS

目 录
CONTENTS

001　第一章
　　　无法化解的悲伤

037　第二章
　　　没有告别的分离

067　第三章
　　　并未分离的告别

093　第四章
　　　错综复杂的情感

117　第五章
　　　跌宕起伏的心情

| 141 | 第六章 |
| | 家庭假设 |

| 161 | 第七章 |
| | 转折点 |

| 179 | 第八章 |
| | 从模糊的丧失中寻找意义 |

| 201 | 第九章 |
| | 美妙的不确定 |

| 215 | 注释 |
| 231 | 致谢 |

Chapter 1

第一章　　　无 法 化 解 的 悲 伤

在人际关系所面临的所有丧失中，模糊的丧失是最具破坏性的，因为这种丧失始终都是不确定、不明晰的。

我在中西部的移民社区长大，社区里有很多我敬仰的长辈，他们都是从其他国家移民过来的。20世纪初，我的父母和外祖父母横渡大西洋，来到威斯康星州南部肥沃的山谷，准备开启更好的生活，但他们发现一切并非如想象的那般美好，因为他们和远在瑞士的亲人断了联系。"二战"开始之前，他们还能和亲人互相通信，每封信的末尾都要写上一句："我们以后还会再见面吗？"记得父亲每次收到他母亲或兄弟的来信后，都会一连好几天情绪低落。而我的外祖母无时无刻不在思念她留在家乡的母亲。因为贫穷和战争，她知道自己恐怕很难再踏上返乡之路，也许永远没有机会见到母亲了。

第一章 无法化解的悲伤

那时候，我们家总是弥漫着乡愁。我不知道家人究竟包括哪些人，也不知道到底哪里才是家：是故乡的那个家还是我们现在的家？从未谋面的那些亲人真的是我的家人吗？我并不认识他们，但我清楚地知道，那是我父亲和外祖母的家人。他们的思绪常常飘得很远，远方的亲人明明还在，但又无从联系，就像天人永隔。这种莫名的悲伤始终未能平复，这些问题也一直没有得到解决。

小时候，我觉得我们在威斯康星州南部农场的家是典型的沃尔顿家庭[1]，但在我父亲和外祖母心目中，这个家并不完整，他们心目中的大家庭还应该包括大洋彼岸那些我从未谋面的亲人——一直留存在他们记忆中的亲人。由于距离遥远，他们和亲人难以相见，这个家有一部分是缺失的。在我生活的社区，大部分人都是移民，人们都在思念着远方的亲人和故乡的家。我很好奇，为什么大家都有种说不清道不明的丧失感和挥之不去的忧郁。曾经有很多次，我听到父亲用浓重的乡音对那些来找他咨询的年轻人说：

---

1 沃尔顿家庭通常是指家人都生活在一起的大家庭，有父亲、母亲、儿子、女儿，还有祖父母或外祖父母。——编者注

模糊的丧失

"如果要离开你的祖国，一定不要超过三个月，否则你就再也不知道自己的家在哪里。"童年时的我根本不明白这句话是什么意思。

我在移民社区生活了四十多年。长大后，我考上了威斯康星大学麦迪逊分校，毕业后留校当了老师，每天从我住的村子到学校往返通勤。后来，我离开了家乡，也终于理解了父亲的那句话。虽然我只是搬到了双子城[1]，与父亲的背井离乡相比，显得微不足道，但我却和父亲一样感到困惑，不知哪里才是我的家。我想念家乡的亲人，原来住的老房子一直没有卖掉，至今仍然维持着原样，就好像我会随时回去一样。

随着时间的推移，我渐渐适应并融入了大城市的生活，开始打造我的新家——一个小小的公寓，并且结识了很多新朋友。孩子们会在学校放假和休息日的时候过来看我，我也经常和姐姐、母亲通电话，慰藉我的思乡之情。虽然没

---

[1] 位于美国明尼苏达州东南部的明尼阿波利斯（该州最大城市）与圣保罗（该州首府）组成著名的双子城。——编者注

有和家人住在一起，但我很清楚地知道，家人始终在我身边。

离开家乡后，我们会感到失去了许多东西，内心充满不安。不过，和长辈们相比，我的情况要好很多——我并没有因为贫穷和战争与亲人失去联系。从乡村搬到大城市，起初我也很不适应，幸运的是，在我最脆弱的时候，家人的爱给了我力量。有一天，我收到一个沉甸甸的牛皮纸包裹——用绳子牢牢地捆住，上面贴满邮票。打开包裹，里面是一个鞋盒，装着父亲亲手种的土豆。母亲还附上一封信，信里写道："用土豆做汤喝吧，你一定会有回家的感觉。"确实如此。

做人口普查时，调查员会登记一个家庭的全部成员，但未必包括人们心中的家人。由于工作变动、失业、家庭破裂、战争或者个人追求，有些人离开原来的居住地，与家人分离——这些家人对他们来说是更重要的。因为有移民的经历，我对这种感受有深刻的了解，我很清楚人们是如何放下过去，拥抱全新生活的。对于移民家庭来说，既有生活在一起的家人,也有心中的家人,所以家人的定义是模糊不清的。背井离乡的人普遍都面临着模糊的丧失,只有解决了这个问题,心中的家人和生活在一起的家人才能达到某种程度的一致,否则这种无法化解的悲伤会一代代延续下去,并且会逐渐加重。[1]这就是移民和迁徙带来的后遗症,是许多个体和家庭问题的根源所在。

* * *

作为家庭治疗师和研究者,我曾经帮助过四千多个家庭。我认为,家庭既是精神实体(家人之间的精神连接),也是肉身实体(家人生活在一起),我想在这两种家庭结构之间寻找某种程度的一致性。如果一直处于模糊状态,那么儿童和成人的心理都会出问题,无法正常生活。

我对"家人"的定义是很宽泛的,但我使用的标准很严格。我所说的"家人"是指我们可以长期依靠的人,他们抚慰、关心、养育、支持我们,始终与我们保持着亲密的情感。家人是陪伴我们长大的人,这就是人们常说的原生家庭；家人还包括我们成年后自主选择的伴侣，通常称之为自选家庭；与伴侣组成家庭后会有亲生子女，也可能有非亲生子女，或者根本没有子女。我们会成为亲戚或朋友的孩子的"阿姨"（"姑姑"）或"叔叔"（"舅舅"），或者成为伴侣的孩子的"继父"或"继母"。这样的家庭超越了单纯的血缘关系，更强调精神实体与肉身实体的结合。

即便是在自己的家里，有时候我们也不一定能清楚地知道究竟有哪些家人。随着情况的变化，在每个家庭成员的心目中，家庭结构也在不断发生变化，有时会增加一些人，有时又会去掉一些人。外人往往看不出一个家庭的真实状况，但是做婚姻治疗和家庭治疗的心理治疗师一定要弄清楚。模糊的丧失给人带来许多困惑和痛苦，家人的精神支持显得尤为重要，能最大限度地帮助我们减轻痛苦。

临床文献中很少提及"模糊的丧失"，但歌剧、文学和戏剧经常会描述这种现象，并且把模糊的、不确定的感受加以美化。在《荷马史诗》中，奥德修斯失踪十年，他的妻子珀涅罗珀在家等待了十年。在阿瑟·米勒的作品《都是我的儿子》中，父亲坚称在空难中丧生的儿子其实还活着。对于我们无法理解的事物，我们总倾向于把它们浪漫化。奥德修斯的妻子苦等十年，《蝴蝶夫人》[1]中的女主人公结婚后独守空房，本来是悲剧，我们却当成浪漫故事来看。人们越不理解，就越会用潜意识思考。然而，对于有过亲身经历的人来说，这种充满不确定性和困惑的等待一点都不浪漫。模糊的丧失让人饱受折磨，压力倍增，这种现象在生活中普遍存在，可能就是这个原因，除了艺术家，很少有人专门创作相关题材的作品，只有与心理治疗相关的文献和艺术作品偶有涉及。虽然现象并不新奇，但从临床研究和观察的角度对它进行的描述和定义肯定是全新的。

在人际关系所面临的所有丧失中，模糊的丧失是最具破坏性的，因为这种丧失始终都是不确定、不明晰的。有一首古老的英国童谣准确地描述了不确定性带来的痛苦感受：

---

[1]《蝴蝶夫人》是意大利作曲家普契尼作曲的一部伟大的抒情悲剧。该剧以日本为背景，讲述了女主人公巧巧桑与美国海军军官平克尔顿结婚后独守空房，等来的却是背弃，最终自杀的故事。——编者注

我走上楼梯，

那个人不在那里。

今天他还是不在那里。

哦，我多么希望他能永远消失。

从这首童谣可以看出，当我们无法确定一个人"在"还是"不在"时，那种感觉是多么荒谬。人们渴望确定性——明确地知道某人已经死亡，总好过一直处于猜疑的状态。

在波斯尼亚，有位老妇人在一个头骨附近发现一双熟悉的鞋子，就凭此判断这个头骨是她失踪的儿子的。老妇人所经历的正是模糊的丧失。亲人下落不明，她无法确切地说出亲人是死了还是活着，是濒临死亡还是正在康复。没有亲人的任何信息，也没有官方提供的死亡证明，看不到尸体，当然也就没有葬礼，因为没有什么可以埋葬。这种不确定性让模糊的丧失成为所有丧失中最令人痛苦的体验，它引发的症状还很容易被忽视或误诊。我们经常会在报纸上看到相关新闻：一架飞机在佛罗里达的沼泽地坠毁，遇难者的尸体无法找到，亲人悲痛欲绝；十多年前，儿子离

模糊的丧失

奇失踪，母亲为他系上了祈福的黄丝带[1]；飞行员在东南亚某地被击落，儿女却仍在盼着他有一天走出丛林。

模糊的丧失大多是战争和暴力事件引起的。在日常生活中，它表现得更隐蔽，不易察觉，对人的影响也更大。比如伴侣出轨、孩子叛逆、父母年纪大了变得健忘。即使我们相信一段关系是长久的、可预测的，也无法从中获得我们渴望的绝对确定性。

模糊的丧失会给个人和家庭造成很多问题，不是因为丧失对心理产生伤害，而是因为无法掌控的局面或者外界的某种束缚阻碍了人们应对和处理悲伤。如果能针对模糊的丧失进行心理治疗，那么即使亲人的信息仍然不明确，人们也能逐渐理解、面对并继续生活下去。治疗的理论依据是：一个人的丧失感越模糊，就越难掌控情绪，产生抑郁、焦虑和家庭冲突的可能性就越大。

---

1 黄丝带是亲人离散后的求助标志，也是为亲人祈祷的祝福标识。——编者注

有时候，亲人不在身边，你却能感知到他们的存在；有时候，亲人就在身边，你却觉得他们离你很遥远。这种感觉令人无助，会引发抑郁、焦虑和人际关系问题。[2]那么，模糊的丧失何以会造成这样的影响呢？首先，这种丧失是不确定的，让人困惑，陷入其中无法自拔。人们无法理解现状，问题也无从解决，因为不知道丧失是永久的还是暂时的。如果不确定性一直持续下去，家人往往会做出极端的反应，要么就当已经彻底失去某人，要么拒绝承认生活发生了改变。这两种做法都没有什么帮助。其次，因为丧失是模糊的、不确定的，人们无法重新定义自己与亲人的关系，建立新的规则，如此一来，夫妻关系或家庭关系就陷入了僵局。如果不能从心理上彻底做个了断，他们就会一直怀抱希望，希望一切都能回到过去的样子。第三，遭遇明确的丧失后，我们通常都会举行悼念仪式，例如，在家人去世后举行葬礼。而经历模糊的丧失的人并没有官方的死亡证明，无法举行仪式，他们的感受也就得不到认可和理解。第四，模糊的丧失是荒谬的，它提醒着人们，生活并不总是合理和公正的。如果某个家庭中有家人去世，周围的人通常都会提供帮助，但如果丧失是模糊的，人们只能选择回避,而不是伸出援手。最后一点,模糊的丧失是持续性的,经历过的人告诉我,这种无休止的不确定性让他们感到身心俱疲。

丧失之所以是模糊的,可能是因为人们没有得到确定的信息,也可能是因为家庭成员之间对某人的状态看法不一致。比如,一个孩子的父亲是战争中失踪的士兵,父亲下落不明,孩子不知道他是死是活;而离异家庭中的孩子知道父亲在哪里,也能经常见到他,但对于父亲还是不是家庭中的一员,孩子与母亲之间存在着分歧。

* * *

模糊的丧失大致分为两种。第一种,某位家庭成员下落不明,生死未卜,比如战争中失踪的士兵、被绑架的儿童。对于家人来说,虽然他们不在身边,但精神是相通的。这些是丧失的极端个案,而更普遍的情况是离异和领养家庭中的丧失,父亲、母亲或者孩子的身份是模糊的。

第二种，有些人虽然就在身边，但在精神层面无法沟通。这种在阿尔茨海默病、成瘾和其他慢性精神疾病患者身上表现得最为明显。一个人的脑部严重受损后，也会出现这种情况：先是昏迷不醒，醒来后就好像变成了另外一个人。在日常生活中，过度沉迷于工作或个人兴趣爱好的人也属于这一类。

关于这两种丧失以及它们带来的影响，还有我们该如何应对，我会在后面的章节详细讲解。但首先，我们要知道，应对模糊的丧失与应对正常的丧失，方式是不一样的，要面对的事情完全不同。在正常的丧失中，最明确的丧失就是"死亡"，有官方出具的死亡证明，还有火化、收集骨灰、下葬、追悼会等仪式，大家都很清楚地知道，这是永久的丧失，可以开始哀悼。我们绝大多数人都经历过这种丧失，它通常被称为正常性悲痛[1]。正如西格蒙德·弗洛伊德在1917年发表的文章《哀悼与忧郁症》中所说："在

---

[1] 正常性悲痛（normal grieving）是指人们在经历重大丧失后，如亲人去世或离婚等，所经历的一种情绪反应过程。这种悲痛反应被认为是正常且不可避免的，每个人都会经历。——编者注

正常性悲痛中，康复的目标是放下对所爱对象（人）的依赖，最终投入新的关系中。"哀悼虽然是痛苦的，但这个过程注定会结束。从这个角度看，心理健康的人可以很好地应对丧失，并且很快建立新的关系。

但也有些人在面对明确的丧失时会出现异常反应，弗洛伊德称之为"病理性忧郁症"，今天的治疗师通常称之为"忧郁症"或"复杂性哀伤"。具体表现是对失去的东西或人一直念念不忘，始终走不出来，比如有些丧偶的人不吃东西，性情孤僻，失去父母的孤儿脾气暴躁。

而在面临模糊的丧失时，忧郁症和复杂性哀伤都是复杂情况下的正常反应：失踪士兵的母亲无数次地去战场上寻找孩子；离异家庭的小孩会因为亲生父亲的离开变得情绪不稳定；丈夫脑部受损，性情有了很大变化，妻子因此而抑郁、变得孤僻。模糊的丧失难以应对，因为它是由外部环境造成的，而不是由内在的性格缺陷引起的。悲伤之所以无法化解，是因为丧失是不确定的、模糊的。

遭遇模糊的丧失的人来寻求治疗时，如果以传统的方式进行评估，很容易就能做出诊断，因为他们看上去就是功能失调，表现出焦虑、抑郁和躯体疾病的症状。治疗师和医师在诊断的时候，应该多问患者一个问题：是否经历过模糊的丧失，导致悲伤无法化解？即使是心理非常健康的人，丧失的不确定性也会削弱他们的力量，阻碍他们的行动。

如果你遭遇了模糊的丧失，陷入无法化解的悲伤，不要因此而责怪自己或家人。临床医生也不要只评估患者的内在动因。如果是正常的丧失，比如亲人去世，我们会有一个哀悼的过程，最终会得到解脱，而模糊的丧失让情况变得复杂，也让哀悼的过程变得复杂。因为情况是不确定的，人们不能开始哀悼，感觉像是丧失，但又不是真正的丧失。人们从希望坠入绝望，又在绝望中看到希望，如此循环往复，抑郁、焦虑和躯体疾病也伴随而来。这种情况起初只是影响到个人，然后就会产生涟漪效应，影响到整个家庭。因为其他家庭成员会感到自己被忽视，更严重的情况下，甚至会觉得被抛弃了。家庭成员过度关注丧失，导致彼此的关系变得疏远,家逐渐成了一个没有灵魂的空壳。

家庭不同,丧失的性质不同,其严重程度也是不同的。为了说明模糊的丧失对当代家庭会产生怎样的影响,我们来看看约翰逊先生和妻子的案例。他们的关系还没有破裂,但彼此越来越疏远。

约翰逊先生是一家大公司的高管,他打电话给我说,想带妻子来做心理治疗。约翰逊夫人有抑郁症,精神科医生正在给她做药物治疗,并建议她接受家庭治疗。这对夫妇第一次来到我的诊所时,我感觉他们就像两个陌生人,彼此之间没有交流,而是单独和我对话。他们都对我讲了自己在婚姻中的困惑。"真是一团乱麻。""我感觉我们的婚姻全是假象,再也没有温情。"约翰逊夫人说,这么多年来她一直感到很孤独,约翰逊先生经常出差,平时会在办公室待到很晚,她不知道他什么时候回家,是否能回家。她说:"他太忙了,回到家也不说话,从不过问我的生活和孩子们的情况。有时我会主动跟他聊聊,可他好像并不感兴趣。"大约在一年前,她质问他为什么在家的时间那么少,他生气地说:"对我来说事业比家庭更重要,我不喜欢在家里待着。"她听了伤心欲绝,从那以后,她的抑郁情绪加重了,每天郁郁寡欢。两个孩子已经上高中了,不再像以前那样需要她,他们只在吃饭的时候出现,其他时间就躲进自己的卧室,要么看电脑,要么玩手机。在我的追问下,约翰逊夫人又透露说,她母亲患上了痴呆,她觉得母亲也在慢慢离她而去。

约翰逊家面临的问题就是模糊的丧失。约翰逊夫人的抑郁症状比较明显,除此之外夫妻二人也说不出还有什么其他感觉,但模糊的丧失正在潜移默化地影响着这个家里的每个人。他们的婚姻是个空壳,家也是空壳。要想缓解约翰逊夫人的抑郁,要么家人做出改变(孩子们有意愿改变,她丈夫没有意愿,而她的母亲是根本改变不了),要么她本人做出改变,学会接受周围环境中的模糊性。还有一个更好的方法是走中间路线,她去弄清楚哪些丧失已经无可挽回,并为之哀悼,同时弄清楚她仍然拥有的是什么,是否还有磨合、沟通、复合、重新开始的机会。这个

模糊的丧失

过程是婚姻和家庭治疗的基础。在此期间，我运用的是这些年来学到的关于模糊的丧失所产生的破坏性影响的知识。

关于模糊的丧失的研究

1974年，我和美国海军研究中心的圣地亚哥战俘研究所合作完成了一项研究，研究对象是在越南战争中失踪的飞行员的家属。通过这项研究，我对模糊的丧失有了进一步了解。我们去失踪飞行员的家中采访他们的妻子，正是从她们那里，我了解到模糊不清的状态让丧失变得多么复杂。她们没有得到丈夫的确切信息，也没有收到官方的死亡证明，她们要一直生活在不确定之中，甚至有可能一辈子都是如此。我希望能找出办法帮她们减轻压力。针对来自加利福尼亚、夏威夷和欧洲各地的47个失踪者家庭进行的采访表明，虽然丈夫失踪了，但妻子在心理上始终认为丈夫还是家庭中的一员，这对她们和她们的家庭都产生了负面影响。她们放不下失踪的丈夫，想要获得情感上的支持和决策上的帮助，反而使得家庭冲突增加，家庭功能处于低水平状态。

比如，在其中一个家庭中，孩子不听话，母亲却很少管教，总是说："等你爸爸回来再说。"在另一个家庭中，每当需要做财务决策的时候，妻子就不知所措，因为之前都是丈夫负责这个事。总而言之，只有当妻子不再寄希望于丈夫能回来，而是开始投入新的关系中时，她们的心理健康状况才能得到改善。这项研究表明，即便从现实角度无法判断是否失去了家人，人们的心中也有自己的标准。它还首次证明了模糊的丧失会令人痛苦并导致抑郁症状。我们不能通过一个人是否在身边来判断关系的疏密，精神上的交流与沟通也是有重要意义的。这些发现和其他研究结果都支持这样一个论点：模糊的丧失是人们最难应对的丧失。在家庭中，说一个家庭成员"在"还是"不在"，既指这个人的肉身，也指他的精神。

如今，有2000多个家庭仍在苦苦寻找在越南战争期间失踪的亲人的下落。在政策松动的时候，会有一些遗骸被运送回家，有牙齿，还有骨头的碎片。但即使有法医出具的证明，家属也无法确定遗骸是否真的属于失踪的家人，也无法确定家人是否真的死了，因为这些碎片也有可能属于活着的人。然而，由于等待得太久，大多数家属已身心俱疲，最终他们选择接受现实，安葬了遗骸。象征性的了结总比没有了结好。但也有一些家庭拒绝接受案子已经了结，依然向美国和越南的官员施压，要求他们继续调查。

我想验证一下，在日常的家庭生活中，我的丧失理论是否成立。1987年，我调查了140对中年父母，他们的青春期子女刚刚离开家。[3]这些家庭都是中产阶层，父母是欧裔美国人。对这个群体来说，青少年的离家是一种模糊不清的过渡。孩子长大了，现在的他们既"在"家又"不在"家。我发现，父母越是惦记着已经离开家的孩子，就越会感到痛苦。具体的表现是，他们会经常想念孩子，想知道他们在哪里，在做什么，并且一直盼着他们回家，难以接受孩子已经长大成人。这些都与父母的消极情绪、疾病、焦虑和抑郁密切相关。虽然随着时间的推移，丧失感会有所减轻，但父亲的抑郁、失眠、头痛、背部疼痛和胃痛等

第一章　无法化解的悲伤

躯体化症状比母亲多，这表明"空巢综合征"对父亲的影响甚至比对母亲的影响更大。事实上，这项研究表明，孩子们离家后，母亲们（大多是全职主妇或从事兼职工作）通常会觉得如释重负，而父亲们会遗憾自己没能多花些时间陪伴孩子。和母亲相比，父亲更挂念离家的孩子。

为了尽可能减少孩子离家带来的丧失感，父母需要改变对孩子的看法。孩子一旦长大成人，家庭的格局就发生了变化。曾经依赖父母的孩子，如今已经独立，父母必须把他们当作成年人来对待。如何处理与成长中的孩子的关系，是父母要面临的挑战。在转型时期（比如孩子离开家上大学、工作、恋爱、结婚、生子的时期以及父母年老以后需要孩子反过来照顾的时期），改变对家人的定位尤为重要。

1986年到1991年，我扩大了研究范围，重点关注那些承受着亲人精神缺失之痛的家庭。我研究了70个有阿尔茨海默病患者的家庭，他们几乎都来自上中西部地区。我发现，照顾者抑郁的程度与患者患病的严重程度无关，而是与患者精神缺失的程度有关。三年以后，这种关联更加紧密。[4]正如我在对失踪人员的研究中发现的那样,亲人虽然在身边,但精神缺失,无法正常交流,这种丧失要比普通的丧失更加令人痛苦。

精神缺失造成的模糊的丧失,也会出现在有其他慢性精神疾病(以及吸毒或酗酒)患者的家庭中。家人无法预料患者的性情会突然变成什么样,就像家里有个化身博士[1]一样,和他们相处可谓如履薄冰。如果家中有人患上了绝症,家属的心理压力会更大。现代医疗技术可以延缓死亡,然而在患者去世之前的这段时间,家属往往备受煎熬。

还有一种精神缺失导致的丧失,同样很普遍但更微妙,在我的工作中经常会遇到,一般发生在夫妻中的一方有外遇的时候。更常见的是,其中一方因为忙于工作而忽略了家

---

1 《化身博士》是19世纪英国作家罗伯特·路易斯·史蒂文森创作的长篇小说。书中塑造了文学史上首位双重人格形象,主人公在杰基尔和海德的两种形态间不断转化,最后在绝望与苦恼下自尽,终结了自己矛盾的一生。后来,"杰基尔和海德"(Jekyll and Hyde)一词成为心理学中双重人格的代称。——编者注

庭。这种精神缺失使夫妻关系受到严重影响。不管是什么原因，精神缺失造成的模糊的丧失，和人不在身边造成的丧失是一样的，都是给夫妻和家庭带来痛苦的罪魁祸首。

文化差异

在研究缺失问题的时候，我有点担心：针对阿尔茨海默病患者家属的研究，我的发现和解释是否有民族狭隘性？我很好奇：那些不太关注病情发展的家庭，会如何应对模糊的丧失呢？于是，我去了明尼苏达州北部，走访了一些阿尼什纳比族（Anishinabe）的女性，她们的家中都有一位患阿尔茨海默病的老人。

我们围坐成一圈，四周弥漫着鼠尾草燃烧[1]的香气。我开始听她们讲自己的故事。从她们的讲述中我了解到，这些美国原住民女性应对患阿尔茨海默病的父母的精神缺失的

---

1 在美洲土著人的祭祀仪式上，会以燃烧鼠尾草来消除负面能量。——编者注

方法是：一方面掌控疾病，一方面接纳疾病。阿尼什纳比族的女性会帮父母找合适的医生，陪父母去看病，督促父母按时服药，与此同时，她们也欣然接受大自然赋予的挑战。在她们看来，生命是一个循环，生、老、病、死，每个环节都是必然要经历的。有位女士说："我相信，每件事的发生，自然有它注定要发生的缘由。事情就这样发生了，母亲注定会遇到这样的事。但是，无论这些事有多糟糕，只要你往长远看，一定都会有好的结果。"另一位女士说："我失去了过去的母亲，现在，我把她当孩子看待，而我是她的母亲。我在心中为母亲举行了葬礼，因为我熟悉的那个女人已经不在了。"

这些女性追求的是与自然和谐相处，而不是主宰自然，征服自然。她们的耐心和幽默，她们面对模糊的丧失时坦然的心态，都给了我新的启示。从她们身上我学到了一点：模糊的丧失并不一定会带来毁灭性的打击。[5]

阿尼什纳比族的女性之所以能应对精神衰退性疾病，是因为她们相信自然是神秘的，必须接纳一切，并且全心全意地奉献自己。她们的晨祷就体现了这样的信念："我走入新的一天，走入自己，走入神秘。"作为照护者，她们并不知道，对于生病的亲人和自己来说，未来将要面对的是什么，但她们没有受此影响，活得很自在。我的大多数来访者做不到这一点。我所在的城市有许多大学，作为家庭治疗师，我经常接触的那些来访者习惯于获得明确的信息，模糊性会让他们感到焦虑不安。在遇到问题时，他们希望能先解决问题，然后再考虑如何继续前行。当然，我确实也遇到过有信仰的都市人，就像居住在保留地[1]的阿尼什纳比族女性一样，尽管经历了模糊的丧失，仍能保持韧性。这表明我们对模糊性的耐受度不仅与我们的个性有关，还与信仰和价值观有关。不过对此我还需要做更多的研究。无论信仰和价值观源自何方，都会有助于我们在面对无法治愈的疾病或不明确的丧失时，不再执着地去寻找立竿见影的解决方案。如果没有这样的韧性，面对自己无法控制的局面时，我们就会崩溃。

---

1 指美国为美洲土著划出的土地。——编者注

模糊的丧失

如果能有某种纪念仪式帮助人们应对模糊的丧失，那说明社会文化对模糊性是有包容度的。然而，美国很少有这样的仪式。直到最近，人们才开始通过写慰问卡片来表达对那些经历失恋、分手的人的支持。在过去，人们觉得像失恋、分手这样的事没什么大不了，根本不值一提。医院也是从最近开始才认识到流产和婴儿的死亡都是真正的丧失，是值得哀悼的。过去，婴儿的死亡率很高，所以人们觉得不足为奇。大多数文化都倡导父母不要太早对孩子产生依恋，直到确认孩子能活下来。从历史的角度看，这或许有合理性，但如果今天我们仍然认为，女性在经历流产或婴儿死亡时应该表现得若无其事，那就是不正常的。

美国的主流观点是，面对无法治愈的疾病或无可避免的丧失时，要主动寻找解决办法。我们认为这个世界是公平、合理的，只要努力就能获得相应的回报，因此我们相信自己能掌控命运，好事一定会发生在善良和勤奋的人身上。反之，如果我们做错了事，或者没有付出足够的努力，就会有坏事降临。秉承这样的观念，当人们遇到无法解决的问题（比如模糊的丧失）时，就会产生巨大的压力。

为了帮助人们应对丧失，我们必须首先了解他们对不明情况的容忍度。家庭成员和心理治疗师需要一起讨论，就如何应对不可避免的模糊性达成共识。夫妻之间也需要有这样的沟通，因为每对伴侣都有各自不同的信仰、价值观和经历。失去孩子时，丈夫和妻子可能会有不同的反应。不同性别和辈分的家庭成员对于模糊的丧失也有不同的理解。我们的目标就是实现某种程度的趋同。夫妻以及其他家人都应该知道如何从丧失中找到意义，否则就无法正常生活下去，也不能做出正确的决定，日子将会变得非常艰难。

记得有这样一对夫妇，他们对不明情况有着很高的容忍度，值得我们这些习惯于掌控一切的人学习。女儿生了重病之后，他们学会了接纳命运的安排。曾经寄托在女儿身上的梦想，还有许多美好的计划，现在都无法实现了。但他们并不纠结，也没有因此自责或责怪对方，而是坦然接纳生命的脆弱，专注于目前拥有的一切，全身心地陪伴女儿，直到她离开人世。面对无法挽回的丧失，很多人最终都能接受现实。

我对家庭压力的看法

在人们经历的所有丧失中,模糊的丧失带给人的压力最大。它会导致一些家庭成员无法再承担过去的责任,家庭结构因此遭到破坏。更值得注意的是,模糊性和不确定性会让人质疑自己的身份和角色。"我丈夫失踪了几十年,那我到底算结婚了还是没结婚呢?""我的一个孩子被别的家庭领养了,如果别人问起我有几个孩子,我该怎么回答呢?""我的伴侣患了阿尔茨海默病,已经不认识我了,那我们还算是夫妻吗?"

来访者经常对我说,他们希望有清晰的身份和对关系的定位,希望有明确的家庭规则和习惯,无法忍受模糊或不确定。明尼阿波利斯一家剧院的广告牌上写着一句话,准确地概括了夫妻及其他家庭成员因模糊性而产生的感受:压力重重,无处可逃。的确是这样,模糊的丧失让人们困在原地,四顾茫然,无法继续前行。

因模糊的丧失而承受压力的家庭成员，只能靠自己寻找出路，独自面对一切，因为当今社会只能协助解决明确的丧失，比如亲人离世。经历了这样的心理动荡，人们必须重建家庭或婚姻关系，以全新的方式管理日常生活。这是一项极为艰巨的任务。

通过研究，我对家庭压力有了一些自己的看法。我准备把它们作为预防策略应用到心理治疗过程中，帮助经历模糊的丧失的家庭学习管理日常生活。应用这些策略有几个前提：首先，压力是由家庭结构的变化或者变化带来的危险处境引起的。变化可能是一般性的，也可能是灾难性的。无论是哪种变化，只要个体和家庭能够清楚地知道他们的处境，就能应对压力，甚至可以摆脱危机，恢复常态。在这种情况下，我们就不一定非要采用医疗干预。如果是家庭成员患有慢性疾病或精神障碍，给家人带来模糊的丧失感，哪怕家人心理再强大，也需要在治疗师的帮助下应对压力。治疗师需要告诉他们，不是人出了问题，而是环境出了问题，人们只是以非正常的方式去适应环境，这与我们平常诊断出的机能不全家庭[1]是完全不同的。我在寻找令家人痛苦的原因时，往往会把诊断范围延伸到家庭之外，看看是不是外部环境中模糊的丧失引发了焦虑、抑郁或躯体化症状。我发现，来自家庭内部的抵触情绪减少了，人们更渴望了解如何在艰难的环境中和睦相处。当然，我并不是说临床医生应该忽略人格和性格障碍或其他精神症状。我的意思是要扩大评估和干预的范围，包括给个体和家庭带来痛苦的外部环境。

其次，持续处于痛苦中会对所有个体或家庭造成伤害。虽然模糊的状态一直持续，但人们还是有可能通过学习管理压力，最终获得疗愈。向大家传授管理家庭压力的方法时，我不会局限于单一模式，而是会采用多种心理干预模式，包括心理教育式、体验式、结构式治疗等。我会把有相似情况的家庭组织到一起，指导他们如何重建家庭关系。如果家中有精神疾病患者，比如阿尔茨海默病、精神

---

1 机能不全家庭（dysfunctional family）是指持续并经常存在冲突、不端行为或发生针对家庭中部分成员的虐待（包括生理、心理和性的虐待等）事件，而其他家庭成员对此采取容忍态度的家庭。——编者注

第一章 无法化解的悲伤

分裂症或双相情感障碍患者,家人会因为患者精神缺失导致的模糊状态而感到压力重重,我会帮助他们学习如何应对压力。

来找我做心理治疗的家庭中,有一个家庭让我印象非常深刻。

母亲玛丽的躁狂症再次发作,情绪极其不稳定,为了自身安全,她不得不住院治疗。这是她第二次住院了。她的两个女儿都是十几岁,面对这种情况,感到焦虑不安。在我和玛丽的家人见面之前,她的精神科主治医师匆匆忙忙地给我写了一张纸条:"这个家庭已经濒临崩溃了。孩子们要保持心理健康,就不能再过度关注母亲的症状。她们现在很无助,一直跟我说'受不了了'之类的话,我在努力安抚她们,告诉她们'别担心,母亲病了,你们把她送进了医院,情况已经有好转,她每天都有进步,一定能挺过来的'"。

孩子们的痛苦是可以理解的,但这对她们和玛丽都没有任何帮助，所以，一定要帮她们减轻压力。在接下来的几周里，我和两个女孩聊了聊母亲（和外祖母）的精神疾病，以及该如何改善家人间的相处模式。玛丽和女儿们一起学习以新的模式相处，彼此之间少一些挑剔指责，多一些积极沟通。女儿们说，很担心母亲不按时服药，害怕她的病会复发，还害怕将来自己也患上同样的病。我和她们一起讨论了这些问题，帮助她们制订了清晰的计划——如果母亲（或者两个女儿中的任何一个）将来变得抑郁或躁狂，该如何应对。这样，整个家庭的压力就会得到缓解。

还有一个前提是：要把你掌握的全部信息如实相告，即使是告诉他们"我不知道结果会怎样"也没关系。心理治疗师和医师总是认为，只有受过专业训练的人才能理解疾病的相关理论，跟非专业人士分享研究论文没什么意义。我觉得隐瞒信息是对患者家属的不尊重，是傲慢的行为。其实很多患者家属都有能力和动力阅读专业文献。临床医师需要认识到，分享专业知识，就是在赋予一个家庭力量，即使模糊仍然存在，他们也能够清楚地掌握自己的状况。

最后一点，模糊的丧失会给人造成创伤。这种无法化解的悲伤有点类似于创伤后应激障碍（PTSD）——由超出人类正常体验范围的精神刺激引起，主要特征为创伤再体验、警觉性增高以及回避或麻木等。模糊的丧失就是源自超出人类正常体验范围、引发痛苦的事件，与引发创伤后应激障碍的事件一样，如果没有得到解决，就会造成创伤。不过，模糊的丧失造成的创伤是一种长期状态，而不是在事件过后，创伤性体验一次次地反复出现。

模糊的丧失带来的后果也与创伤后应激障碍带来的后果相似，二者都有可能导致抑郁、焦虑、精神麻木、痛苦的梦境和负罪感。但是模糊的丧失又有其特殊之处，它造成的创伤是持续性的，人就像坐上过山车一样，从绝望中看到希望，又从希望中坠入绝望。比如亲人失踪后，家属突然得到一些消息，之后又音信杳然。或者家人病重，过一段时间病情有所缓解，然后又复发。希望无数次地燃起，又无数次地破灭，最终人们会变得麻木，不再有任何情感波澜，就像在早期的无规律电击实验[1]中，动物躺在笼子里，不再试图去躲避电击一样。人在经历了无法理解的创伤后也会产生习得性无助，不愿再采取行动。

处理家庭压力可以采用个体或团体治疗的方法，但我更倾向于鼓励有相似问题的夫妻和家庭成员坐在一起讨论、交流，互相分享信息、看法和感受，最终形成新的认知，知道该如何珍惜目前拥有的，并哀悼已经丧失的。家庭成员们把自己的故事讲给愿意倾听并且能够感同身受的人，通过这样的方法得到认可和理解，然后继续走完悲伤的旅程。无论有什么样的信仰、价值观和宗教偏好，只要采用正确的干预手段，人们都能在经历模糊的丧失后好好生活下去。

---

[1] 心理学家马丁·塞利格曼（Martin Seligman）做过两个非常有名的关于习得性无助的实验。1967 年，塞利格曼先是对狗进行了电击实验。实验分 A、B 两组，实验人员对 A 组的狗实施随机性的、无规律的电击，且让它们无处可逃，即 A 组的狗对接受电击这件事，无法预测、无法控制，而 B 组的狗在一定程度上有控制权（如对狗进行有规律的电击或给狗设置逃脱的条件以躲避电击）。之后，两组狗被放置于一个双分电击笼子中间，笼子的一边通电，另一边不通电，中间由一道低矮的障碍物隔开，只要跳过中间的障碍物就可以免受电击。当研究者打开电闸时，有意思的情景出现了：A 组的狗根本不尝试跨过障碍物到安全的另一边去，而 B 组的狗则会尝试跨过障碍物，躲避电击。——编者注

Chapter 2

第二章 没有告别的分离

我们这一生会无数次地遭遇模糊的丧失，这些丧失都会对我们的人生造成重大影响。我们或者被彻底击溃，或者像那位失踪飞行员的妻子一样，战胜它们，继续生活，或者像我的祖母一样，承受并适应。

缺席者永远存在。

——卡罗尔·希尔兹,《斯通家史》

初春的一天,我去华盛顿参观越南战争纪念碑,在那里看到许多安静的学生、游客,还有沉浸在悲痛中的家属。失踪人员的名字引起了我的注意。他们与战俘不同,战俘或者是最终回到家乡,或者是客死他乡,而失踪人员下落不明,家人不知道他们究竟是死了还是活着,一直在承受着莫名的痛苦。我默默地看着墓碑上的名字,墓碑前有一条蓝色的发带、一包骆驼牌香烟,地上有一张纸条,写着一个失踪人员的名字,还有这样一句话:"我无时无刻不在想你。"

我们只有亲眼看到遗体,才能接受亲人去世的事实。而失踪人员的家属无法确认亲人的死亡,虽然纪念碑上刻了名字,但对于家属来说,这并不能代表什么。

失踪人员的家属很难得到确切的答案,他们面临的不确定性是极端的,也是长期存在的。更令人崩溃的是,有报道说其中一些人还活着,又撕开了他们本已愈合的伤口。面对不确定的丧失,他们无法进行哀悼。研究表明,失踪人员的妻子要长期压抑自己的情绪,以维持家庭的正常运转。我很想知道,她们是如何看待模糊的丧失的,又是如何应对、如何继续生活的。

我在加州采访了一位失踪飞行员的妻子。几年前,她丈夫驾驶的飞机在东南亚上空被击落。我们一起做了一份详细的调查问卷,然后我准备离开。她送我到门口时,又给我讲了一些事情。一开始我没仔细听,因为我觉得自己已经掌握了需要的所有信息。然而,她讲的事情令我终生难忘。

她告诉我，丈夫驾驶的飞机被击落后，他回来过两次，还和她说话了。丈夫第一次来看她的时候，他们站在家门口的车道上说话，他说四个孩子都长大了，她应该把现在的房子卖了，换一个更大的房子。他还让她把现在的车子卖掉，买一辆旅行车，方便几个即将进入青春期的孩子放东西。她以前从来没想过这些事，但听他说了之后，她就按照他的建议去做了。大概一年以后，丈夫又回来了，这次他们是在卧室里说话。他说她做得很好，他爱她，为她感到骄傲，但是现在他要和她说再见了。她说："这时我才意识到，他真的死了。"

这位女士的故事让我大开眼界，不仅是因为她所说的内容，还因为她坚信丈夫真的回来看过她。在研究过程中，我要求自己像社会学家一样，只记录数据和客观事实。然而，根据 W.I. 托马斯提出的托马斯公理——如果一个人认为某件事是真的，那么对他而言，这件事就是真的——这位女士认为丈夫真的回来过，所以这件事就是真的。[1]

和丈夫的交谈让她得到了安慰，感到很安心，也让她做出了必要的决定和改变。如果没有这样的对话，她是不可能改变的。丈夫的象征性存在为她提供了方向，更重要的是，也给了她一定的时间去适应单身母亲和一家之主的新角色。

过了一段时间，这位女士告诉我，她是在印第安人居留地[1]长大的，她们那里的风俗是，如果家中有亲人死亡，要让他继续"存在"一段时间，以缓解家人突然失去亲人的痛苦。所以，她渴望着失踪的丈夫能象征性地出现，这对她来说非常重要。虽然这个故事并不符合我对"确凿事实"的要求，但我能看出来，她的经历对她来说是真实的，能够帮助她自我调节，并且帮助她的孩子们健康成长。她的故事永久性地改变了我思考和研究的方式。

这位失踪飞行员的妻子找到了应对模糊的丧失的方法，但大多数人还是不知道该如何平复悲伤，继续前行。有时，

---

[1] 印第安人居留地（Indian reservations）指的是美国政府划定并强迫印第安人居住的区域。——编者注

整个社会都会受到这种丧失的影响。1958年，深受人民爱戴的匈牙利前总理纳吉·伊姆雷失踪。有传言说他被枪杀，但官方否认了这个说法，也没有为他立碑。直到1989年，纳吉的遗体才被重新安葬。政府公开举行葬礼，人们纷纷前来悼念，表达悲痛之情，为一个国家的模糊的丧失画上句号。

即使从国家层面来说，要疗愈创伤，也需要首先明确事实。完成正常的流程——重新安葬，举行葬礼，正式哀悼——之后，人们的悲伤才能平复。不过，能够证实死亡的证据往往是残酷的。20世纪70年代，东南亚某国有一份死亡名单。现在，失踪人员的家属可以从这份名为《战火屠城》的恐怖记录中找到确凿的证据——被害者临刑前的照片就是其死亡的唯一证明。这可能会给家属一些帮助，至少找到了明确的死亡的证据。

由于战争和政治冲突，很多人离奇失踪，美国原住民、犹太人、俄罗斯人、老挝人、柬埔寨人、卢旺达人等都有过背井离乡、濒临灭亡的痛苦经历。在卢旺达战争期间，有

第二章 没有告别的分离

一位叫埃默里塔·乌维塞伊马纳的医护人员与丈夫、孩子失散，成了一名难民。两年半以后，她找到了孩子，但仍然感到很焦虑："我一直在等待我丈夫的消息，我只想知道他是死了还是活着。"[2]类似的故事并不罕见，没有告别的分离始终困扰着幸存者和他们的后代。

关于模糊的丧失，美国也有一段创伤性的历史——强制运送一批非洲人到谷物海岸，让他们骨肉分离，妻离子散。亚历克斯·哈利的小说《根》描写了一对夫妻为了和孩子在一起而不断抗争的故事——哪怕彼此不能相聚，精神也要紧密相连。[1]面对创伤性的模糊的丧失，他们有着历史传承下来的强大的复原力，难怪当代非裔美国人对家庭的定义不像欧洲人那么严格。

家庭治疗师和研究人员在为经历模糊的丧失的人做治疗时，如果对方对建立新的依恋关系或重组家庭有抵触情绪，不能就此判断他们是不正常的。在情况未明的时候，

---

[1] 美国黑人作家亚历克斯·哈利撰写的《根》向世人揭示了从非洲被贩卖到美国的黑人家族的历史。——编者注

人们想要维持现状,这是可以理解的。因为他们还是怀抱着一丝希望,希望失踪的人有一天能够回来。有时候,甚至社区、教会或医疗工作者都会在不经意间阻碍悲伤的释放,因为丧失是不确定的,他们觉得没办法给予支持。在这种情况下,人们只能靠自己,就像那位失踪飞行员的妻子一样,靠自己的力量走出模糊的困境。

* * *

在日常家庭生活中,也有许多不明确的告别,它们并不属于传统意义上的丧失,但仍会给人带来压力。其中最常见的是离婚、领养、移民和过度投入工作导致的某种缺失。

比如,夫妻离婚后,没有取得监护权的一方就会出现身份缺失的问题。一般来说,全家福中的所有人都是家庭中的一员,但离婚和再婚家庭会有些混乱,人们会要求摄影师把照片中已经离婚的前任删掉,而若干年以后,这个家庭的后代又要求把亲生父母重新放到照片里。如今的婚礼摄影师在婚礼上拍摄的照片数量是以前的两倍,因为新郎和新娘经常要求与离婚的父母以及父母的新伴侣单独合影。

如今离婚是非常普遍的现象，如果把它看作一种模糊的丧失，人们就能更好地理解和应对。有些东西失去了，但有些东西还在。婚姻关系终止了，但亲子关系还在继续（希望祖孙之间的关系也能继续）。让孩子知道哪些东西失去了，并为之哀悼，同时也让他们知道有哪些关系仍然存在并且会一直继续，和简单地对孩子说一句"爸爸妈妈不再相爱了，但我们会永远爱你"相比，前者的做法对孩子的心理健康更有益。因为孩子很难相信这样的话，他们知道自己已经失去了一些东西。我们不妨承认这一点，再向他们强调家庭中永远不变的东西。无论是孩子还是成人，如果能明确地知道自己正在经历着什么，就会感到如释重负。问题并不在于离婚本身——事实上，对许多家庭来说，离婚不会产生任何负面影响——而在于伴随离婚而来的模糊不清、无法排解的丧失感。离婚带来的丧失感往往比死亡带来的丧失感更难排解，因为离婚本身就是不明确的。模糊的丧失的概念将为儿童和成人提供一种理解自己处境的方法，让他们学会更好地接纳离婚的事实，好好生活下去。

模糊的丧失

以我自己为例。起初，我并不认可家庭治疗师卡尔·惠特克[1]的说法——"你永远不可能离婚"。但许多年以后，当我和前夫一起为儿子的婚礼举办晚宴时，当他打电话告诉我，我们一个共同的朋友去世时，当他和我各自带着新伴侣，一起参加我们的女儿举办的节日晚宴和孙辈的生日宴会时，我意识到惠特克说的是对的。旧的关系不会就这么消失了。对大多数人来说，即使修改了全家福，过去的关系也会继续存在。

要学着适应离婚、再婚带来的不确定性，就要掌握全新的技能。首先，我们要重新认识自己的家庭。为了确认这一点，我们可以问问自己，如果要举行特别的家庭庆典或仪式，比如婚礼、成人礼、毕业典礼或生日宴会，我们想邀请谁来参加。从这份名单可以看出，哪些人是我们的"家

---

[1] 卡尔·惠特克（Carl Whitaker），威斯康星大学麦迪逊分校的精神医学教授，在精神医学领域有着重要的贡献，也是经验性家庭疗法的先驱之一。他从1943年开始将伴侣和孩子纳入到病人的治疗中，并最早使用协同治疗的方法。他的工作对家庭治疗的发展有着深远的影响，尤其是在存在主义疗法对家庭系统的应用中，强调选择、自由、自我决定、成长和现实化。——编者注

人"或"共同抚育者"[1]，而哪些人已经被排除在外。现在，很多人的名单中会包括前任伴侣和他们的新伴侣。

其次，我们要放宽对家庭的定义，不追求绝对的精确。要做到这点并不容易，因为生活在不同地区的不同的人，关于家庭的信仰和价值观会有很大不同。不过，这个技能将帮助我们认识到，自己比想象中更灵活——我们可以收留姐妹的孩子，可以在子女长大成人后放手，即使离婚了，也能和前任伴侣一起养育孩子或者照顾孙辈。让家庭的定义更宽泛，不仅不会削弱家庭的紧密性，反而会增强家庭的韧性和灵活性。

最后，这个适应过程会一直持续下去，并且不断变化。我们需要定期地重新思考谁是家庭的一分子，尤其是在家庭的转型时期，比如在结婚、再婚和生育后，会有新的家庭成员加入，而分居、离婚和死亡又会减少一些家庭成员。这些都会给人带来压力。

---

1 共同抚育者（coparent），指共同承担抚养子女义务的非亲生父母或不与小孩同住的父母。——编者注

离婚和再婚都是不可避免的，为了更好地接受和适应，我们要改变固有的婚姻观念。再婚并不意味着上一段婚姻简简单单地结束了，它永远是一个人生命中的一部分。离婚判决书并不能抹去上一段婚姻的经历，无论它是好的还是坏的，就像死亡证明不能抹去一个人活着时的印记一样。而且，离婚的时候，前任伴侣并不是去世了，如果两个人还有孩子要共同抚养，那这段关系留下的就不仅仅是回忆。如果能够承受这种模糊的状态，再婚成功的可能性就很大。

我在临床工作中认识了黛布拉。她和约翰离婚两年多了，但一直无法迈进新的生活，因为她觉得自己还在被上一段婚姻束缚着。"前夫和我离婚以后，还不断地回来找我。每次来接孩子或送孩子回家时，他都想进来和我聊聊，甚至让我给他冲一杯咖啡。更过分的是，他还打开橱柜，拿杯子自己倒咖啡喝。就连孩子们都觉得很奇怪。他简直要把我逼疯了！他总是出现在我的生活中，我怎么可能忘记他呢！"

我说："你不可能忘记他。你和他有三个孩子，有二十年的感情。你不可能忘记，也不应该忘记。但是，你可以修正这段关系。"我们一起讨论，怎样做才能既维护亲子关系，同时又为已经结束的婚姻关系设定界限。我告诉黛布拉，她不需要把约翰彻底排除在外，她听了之后如释重负。她说她不希望切断约翰和孩子的关系，他是个好父亲，而她也需要他的帮助。但她还是花了一些时间思考如何与上一段婚姻划清界限。她和约翰在这个房子里共同居住了很多年，已经习惯了这样的生活，所以她很难把他拒之门外，也很难开口对他说，让他不要随便动房子里的东西，不要打开她的橱柜。之后的一段时间，黛布拉分别约了几个人陪她一起治疗，有她的母亲、姐姐、前夫约翰和约翰现在的妻子（她是来旁听的，但我怀疑她来这里是为了确保我不会劝约翰和前妻复合）。最终，黛布拉明确了自己和家人的定位。她告诉约翰，如果没有邀请他，就不要再到她家来。约翰似乎很生气，但我能看出来，他的现任妻子很支持这个做法，并且安抚了他的不满。黛布拉看起来也很满意。约翰并没有完全离开她的生活，但她现在更清楚地知道他什么时候可以出现，什么时候需要离开，知道什么结束了，什么仍在继续。离婚和再婚后，只有对家庭重新做规划，才能换来和平与和谐。离婚并不意味着家庭的破碎，而是原始家庭版本的更新，婚约的解除也并不等于一切都随之消失。

然而，也有些人不能接受离婚后家庭成员的身份模糊。对他们来说，有个简单粗暴的解决方案，那就是请专业摄影师把全家福中的前任伴侣修掉——仿佛这样做就能改写婚姻的历史。很多人看着这些老照片会感到不舒服，宁愿出钱请人来修图。

在离婚家庭中，那些仍旧保持联系的家庭成员也会对模糊性感到不适。一家人仍是一家人，只是这个家庭有了新的结构，于是，他们想出了新的应对之策。举个例子，如果孩子特别珍惜旧家庭的全家福，那就鼓励他们拼贴一张照片，照片中包括所有他们心目中的家人，这比让那些人勉强坐在一起摆拍出来的合影要真实得多。不过，合影（即使是拼贴在一起的）终究只是个象征，最终，每个家庭成员对于谁是家人都要形成新的认知。如果亲戚们想和已经不属于这个家庭的人继续保持联系，我觉得是完全可行的。也许在别人眼里，他们的家庭观不切实际，可对他们来说，这就是最真实的想法。

* * *

领养家庭也会面临未解决的丧失。不明一切的孩子很想知道生母在哪里，她是否一切安好，以及她是个什么样的人。而母亲虽然很清楚分离是怎么发生的，但与孩子一样，她也会受到模糊的丧失的影响。

要想知道养父母对于模糊性的忍受度，就看他们选择的是开放式领养还是秘密领养。如果领养档案是公开的，养父母和亲生父母互相认识，就说明领养家庭是能够忍受模糊性的，并且会考虑让孩子的生母参与他们的生活。如果领养档案是保密的，双方互不认识，那么养父母会更倾向于永远不让孩子和亲生父母接触。然而，研究人员发现，无论选择哪种领养方式，养母和养子都会经常想到生母，心里始终都放不下。[3]对于被领养者来说，精神层面的家庭也是切实存在的。

我曾经为被领养者做过心理治疗。因为不知道亲生父母的身份和现状,他们感到很困惑。当他们开始组建自己的家庭时,就更强烈地想要知道亲生父母的信息。如果他们有灵活的家庭观,那么即使他们去寻找亲生父母,也不会破坏与养父母的关系。即使找到了亲生父母,他们也仍然视养父母为真正的父母。正如许多被领养的孩子所说:"夜深人静的时候,是他们陪伴在我身边。"在孩子心目中,能陪伴在身边的父母,更胜于有血缘关系的父母。有些被领养者告诉我,现在回想起来,觉得如果不知道自己的领养身份会更好。但也有许多人执着地想要寻找亲生父母。对他们来说,即使希望渺茫,也要努力去找,只有这样才能缓解自己的丧失感。

如果领养家庭能够认识到家庭的边界是模糊不清的,家庭成员的压力就会减轻很多。有些人一直属于这个家,有些人某些时候属于这个家,而有些人完全不属于这个家。如果每个家庭成员(包括孩子)都清楚这种流动性,能够公开讨论模糊的事实，那就不会因此受到伤害。

* * *

从移民身上，我们可以看到家庭观念的转变。一个多世纪前，欧洲大陆和爱尔兰掀起了移民潮，并在1909年达到顶峰——120万人经过埃利斯岛[1]移民站的筛选迁入美国。今天的美国仍然是一个移民国家，移民大多来自墨西哥、拉丁美洲和亚洲。政府对旅行的限制逐年减少，世界各地的人都在流动。在美国国内，许多家庭也在不断搬迁，从乡村到城市，从东部到西部，从南部到北部。大多数人都是背井离乡，在外漂泊，也有一些人离开家乡后又回到家乡。模糊的丧失遗留的问题依然严峻。

我们家和美国中西部的许多家庭一样，都是在19世纪初到20世纪初大规模移民潮的时候来到美国的。挪威、德国、芬兰、爱尔兰和瑞士的家庭纷纷移民到美国，对他们

---

1 埃利斯岛（Ellis Island）是从世界各地来到美国海岸的人们的中转站，被视为美国移民的象征。——编者注

来说，离开欧洲是痛苦的，因为有可能再也回不去了。而女人的处境更加艰难。据史料记载，她们刚在美国安家，丈夫就要去远方淘金，为了获得更多的土地，他们坚持迁往西部边远地区，到达科他州或者内布拉斯加州和加利福尼亚州的平原。男人渴望冒险，女人为此付出了巨大的代价，她们要不停地迁徙、漂泊、告别过去，与家庭的连接基本中断。

哈姆林·加兰[1]在描写中部边疆生活的小说中曾经写到，他亲眼看着母亲又一次不情愿地背井离乡，只因父亲渴望搬到西部。"女人们轮流伸出疲惫、苍老的手臂搂住她，用颤抖的嘴唇亲吻她，然后忍着悲伤默默离去。这一幕令我无比痛苦。我跑到田野上，愤怒地向天发问：为什么要受这样的苦？为什么母亲要被迫离开她最爱的朋友们，搬到一个完全陌生的地方？"[4]

---

1 哈姆林·加兰（Hamlin Garland），美国小说家、诗人，因其短篇小说和自传体"中部边疆"系列小说而知名。他出生于威斯康星州西塞勒姆的一个小农场主家庭，早年随父母移居到艾奥瓦州，然后到达科他州。加兰在小说中记录了美国中部大平原的拓荒生活的艰苦以及经济上的困窘。——编者注

加兰还写到，在家庭聚会时，父亲和其他男人总会唱起一首歌，而母亲和其他女人都不喜欢听。歌词大意是："兄弟们，振作起来，出发吧 / 越过山岭，向西走。"加兰这样描述当时的情景："父亲的脸上闪烁着探险者、拓荒者的光芒。这句歌词对他来说就像最动听的诗句，意味着美国生活中一切美好、繁荣、充满希望的事物。但我从母亲的脸上看到了深深的恐惧，她的眼睛中笼罩着阴影。对她来说，这首歌描写的不是拥有了一个新家，而是失去了所有的朋友和亲人……它传达出来的是丧失、痛苦、孤独和心痛。"[5]

对于生活在中西部边疆的移民女性来说，一次次痛苦的告别让她们的精神承受重压，最终她们放弃了继续迁移。据明尼苏达州圣彼得的一个旧庇护所的历史文献记载，不想再忍受背井离乡之苦的女性把那里当成了避难所。[6]

即使这些女性最终在一个地方安定下来，她们还是会感到很痛苦。因为与家乡亲人断绝了联系，在分娩或生病的时候，她们倍感孤独。威斯康星州的记者在口述历史文献中写道：

模糊的丧失

根据一个家庭的讲述，1853年，霍乱流行期间，夫妻二人同时染病。妻子身体很虚弱，没有力气走路。丈夫高烧不退，卧床不起。他告诉妻子，如果他能喝点水，也许就会好起来。距离他们家1500米左右的地方有一条河，可以打水，可是家里没有其他人。妻子只好拿了一个小桶，用牙咬着提手，忍着疼痛慢慢往前爬，爬过高高的草丛、树林和灌木丛，来到小河边，把桶浸入水中，打上来一桶水，然后再用同样的方式把水带回家。有了这桶水，她的丈夫活了下来。[7]

几乎没有人能帮助这些女性照顾家人：邻居们都离得很远，亲人都在故乡。与平时朝夕相伴的母亲和姐妹分别之后，她们忍受着常人无法想象的痛苦和孤独。

如果儿女移民美国，留在故土的母亲也会受到模糊的告别的影响。我十几岁的时候，经常在上学的路上看到安娜在花园里干活。她一直保留着母亲从瑞士寄来的信。母亲说她知道再也见不到儿子和女儿了，感到很痛苦，还说她一直惦记着他们。这封信写于1926年12月2日：

第二章　没有告别的分离

亲爱的安娜：

谢谢你寄给我们的钱，还有美好的全家福。孩子们的衣服真漂亮，他们真是可爱极了。但是亲爱的安娜，你实在太瘦了，看得出来你一定经历了很多事……我每次看你的照片都会流泪，但还总觉得看不够。我很孤独，很想你们，想远在美国的你、安布罗斯和卡尔。我知道，我可能再也见不到你们了。[8]

爱尔兰人在面对模糊的告别时会采用更加直接的方法。当孩子前往美国时，父母会把生离视为死别，会为孩子举办一场"葬礼"。这种被社区认可的仪式有助于他们获得精神上的解脱，因为它象征着告别的完成。他们心里很清楚，以后可能再也见不到孩子了。有一份古老的手稿曾经描述过这种场景："那就像一场隆重的葬礼……最后的分别确实令人伤感……父母都极度悲伤，好像要离开的人真的死了。如果你不够坚强，最好别去那里。"[9]

一个世纪前，大批移民横跨大西洋来到美国，他们都感受到了模糊的丧失带来的痛苦。我在埃利斯岛接触口述历史时,有位来自瑞士伯尔尼的女士讲述了她的痛苦。她说在她很小的时候,父亲就去了美国,而她和母亲、兄弟姐妹留在了家中:"我记得我和兄弟姐妹们一起站在那里挥手,母亲在伤心地哭泣。当时的画面深深地印在了我的脑海里,至今都不能忘怀。我们都哭了。从母亲说话的语气能感受到,她很害怕父亲再也回不来了,害怕他被大西洋吞没。她觉得美国太遥远了,她再也见不到父亲了。"[10]

我的祖母索菲·格罗森巴赫没有跟随孩子移民,而是留在了当地。她写了很多封信,诉说她的模糊的丧失感。她思念、牵挂着我父亲,却又无法和他相见。她的每一封信都以"亲爱的"开头,结尾写着"愿上帝永远保佑你们,母亲"。她每个月都会写一封信,信的末尾写道:"真开心能给你们写信说说话,如果能和你们在一起就好了。"但是很快,"二战"爆发了,她的家在瑞士边境靠近巴塞尔的地方,炸弹就在那附近爆炸了。她写信说:"亲爱的,终于能坐下来写几个字了。今天我的心情很糟糕,我很想念远方的亲人。"她在信里说日子过得很艰难,还说了她对战争的恐惧，信的最后写道："我每天都在想你们，你们现在有两个宝贝女儿（指我的姐姐和我）了，真希望我能再见到你们。"

1943年，由于战争的原因，通信变得困难。她不知道自己的信能否寄到，又盼望着收到儿子从美国寄来的信。

> 你在那边过得好吗？希望你们一切安好。这边的兄弟姐妹都问我是否有你的消息，我们都盼着你的来信，想知道你过得怎么样。很长时间没有你的消息了，希望能知道你的近况。即使不能写信，我的思念也与你们同在。你们又有了两个儿子（我的两个弟弟）吧，真希望我能亲眼见到他们，平时我总是从抽屉里拿出你们的照片来看。快点给我写信吧。

战争结束后，书信往来更加频繁了。

> 收到你的信，我们都很开心，大家都很喜欢读你的来信……虽然我不能帮你们做点什么，但我每天都在

想你们。我每天都为你们祈祷,希望你们都健健康康的。就写到这里吧。信里可能有写错的地方,我现在脑子不好使,恐怕以后写不了信了(索菲那时已经79岁了)。

后来我们可以打越洋电话了。在祖母80岁生日那天,我父亲给她打了今生第一个也是唯一一个电话。我清楚地记得,那时我和姐姐已经会说"你好,奶奶"——这是我对她说的唯一一句话,这也是我唯一一次听到她的声音。

那通电话之后,又过了很长时间,祖母才给我们写信,因为她的健康状况越来越糟糕。

谢谢你们在我生日那天给我带来的快乐。保罗,听到你的声音,我的感受真的难以形容。当我听到你说话的时候,我觉得你就站在我面前。你的两个女儿对我说"你好,奶奶"的时候,我真的太开心了。我甚至听到了她们的笑声。我还和你的妻子维莱内利聊了几句,我们聊得特别开心,真希望能再多聊一会儿。这次和你们通电话，对我们这里的所有人来说都是重要时刻。他们都从桌边走了过来，走到电话旁，想听听你们的声音，哪怕只有那么一两句话。我们将永远记得那一天。大家都盼望着下次家庭聚会时你能来。希望这一天能快点到来，因为我不知道我的最后一天何时会到来。[11]

这封信写于1945年。然而，因为农场工作繁忙，再加上债务缠身，父亲始终未能回家乡。1948年，祖母在信中写道：

我想听听你们那里的音乐和歌曲，这样就好像和你们在一起一样。我会一直想你们的。住在巴塞尔的弗里茨告诉我，你工作太忙，现在还不能回家。我很想见你们，不过我知道你的农场有很多事要做。我会坚持住的，期待着与你们团聚的一天。

1949年秋天，祖母的健康状况恶化了。父亲订了一张去欧洲的船票，他知道祖母会坚持住，坚持等到见他一面。当时，父亲的钱只够买一张船票，所以母亲留在家里打理农场、做家务。父亲在瑞士待了六个星期。祖母说她的愿望终于实现了，她可以安心地"走"了。几个月后，她去世了。在她去世之前，父亲收到了最后一封信，这次是一个孙辈写的："您的信让祖母特别开心，她很高兴你们一切都好。给你们送上最美好的祝福。"

按照瑞士的风俗，家乡的亲人把祖母去世的消息装在一个镶着黑边的信封里寄了过来，父亲不用拆开信封就知道里面是什么，他悲痛欲绝。和许多移民一样，他不能回家乡参加葬礼，也无法与家人一起哀悼和缅怀逝者。他有种被隔绝在外的感觉，内心非常孤独。我们都尽了最大努力，但还是无法安抚他，因为除了那一通电话，我们几乎没有真正参与过祖母的生活。

* * *

如今，模糊的丧失仍然屡见不鲜，或许是因为我们渴望自由和冒险，或许是因为我们想要赚更多的钱。我们这一生会无数次地遭遇模糊的丧失，有预料之中的变化带来的，比如孩子长大了离开家、父母年纪渐长、身体逐渐衰弱等，也有意外变故带来的，比如离婚、亲人失踪、被俘等，还有背井离乡时不明确的告别。这些部分性的丧失都会对我们的人生造成重大影响。我们或者被彻底击溃，或者像那位失踪飞行员的妻子一样，战胜它们，继续生活，或者像我的祖母一样，承受并适应。

一个人是否能克服移民带来的模糊的丧失，与自身性格有关，也与文化传统有关。根据印度裔美国精神分析学家萨尔曼·阿赫塔尔（Salman Akhtar）的说法，有很多因素会对移民的心理承受能力产生影响。[12]移民是否能适应新的家园，通常由这些因素决定：是否永久移民，是否出于自愿，是否有回国探亲的可能，年龄，乐观程度，在新国家的受欢迎程度，新的角色身份是否与在故国的角色身份有相似性。这些因素决定了一个人是否能够在新国家扎根的同时与故国保持连接。

无论未解决的丧失是什么原因造成的——移民、战争、离婚、再婚或者领养——它引发的症状都是令人痛苦的。焦虑、抑郁、身体疾病和家庭矛盾，时时困扰着那些无法适应新环境并继续生活的人。如果没有某种形式上的结束，缺席者就会永远存在。

Chapter 3

第 三 章　　　并 未 分 离 的 告 别

如果我们不花点时间彼此深度交流，精神层面的家庭就有可能消失。如果我们很少交谈、争论，不分享各自的故事，不一起欢笑，不表达爱意，那么我们就不是家人，而只是共用一台冰箱的人。

> 阿尔茨海默病患者的脸是不存在的,用最直白的说法,他们的脸就是一张面具。
>
> ——约翰·贝利,《艾丽斯的挽歌》,《纽约客》
> （1998年7月27日）

精神缺失和身体缺失同样具有毁灭性。亲人虽然在身边,但精神却不在,这也是一种模糊的丧失。脑损伤、中风和阿尔茨海默病都是导致丧失的元凶。其中,阿尔茨海默病最为常见,影响着美国三分之一的家庭。电影制片人梅伦多夫（Meirendorf）曾经简练概括道:"阿尔茨海默病永远不会痊愈,只会不断恶化。患者几乎不记得自己是谁,只

第三章　并未分离的告别

能抓住仅有的一点线索，比如，一位教师会做孩子的解谜游戏，而一个工匠会玩孩子的玩具，因为这些让他们想起自己曾经做过的工作。他们已经忘了自己取得的成就，也不再记得亲人的样貌，而他们距离死亡又很遥远。阿尔茨海默病可能是世界上最残酷的疾病。"[1]是的，患上这种病，对病人来说是残酷的，对家属也同样残酷。家属越是无法确定病人是否精神缺失，其抑郁症状就会越严重。[2]

在对阿尔茨海默病患者的研究中，我重点关注了患者家属的情况。我让他们讲讲让自己感觉压力特别大的事情，家属都感到很吃惊，因为平时别人只问他们患者的情况，从来没有人关心过他们。我还从同事那里学到了一些东西。安是家庭治疗师，也是阿尔茨海默病患者的女儿。她告诉我，当她意识到母亲再也不记得她是谁时，她感到非常痛苦。

安的母亲病情很严重，所以她把母亲送到了养老院。安开车到那里要一个小时，但她还是会经常去看望母亲。有一天，当她来到养老院时，发现母亲管那一层楼所有的金发

模糊的丧失

女人都叫"安",就好像她们都是她的女儿。安很伤心。"母亲已经不认识我了,我为什么还一直来看她呢?"后来,安意识到,她来这里其实是为了自己:"有时候我会把头放到她的腿上,拉着她的手,让她抚摸我的头发,就像她以前经常做的那样。"

这辛酸的一幕让我想起了一部纪录片,讲述的是阿尔茨海默病患者韦斯和妻子林恩的故事。韦斯在四十多岁的时候被诊断出患有阿尔茨海默病,他的父亲和姐姐也得了同样的病。在退伍军人管理医院做检查的时候,韦斯说不出当时的年份,也不知道总统是谁。医生问他"今天是几号",他回答说"大概是中午吧"。韦斯曾经是在海军服役的飞行员,退伍后创办了通勤航空,成为一名社会活动家和成功的商人。可是现在,他在家附近的花园里绕来绕去,不知道自己身在何处。

韦斯被确诊后,他的儿子欧麦从大学回到家。欧麦说:"阿尔茨海默病夺走了他的生命,他的至爱,他的机场,他的家人,夺走了他拥有的一切——他用毕生精力打造的

第三章 并未分离的告别

一切。他是个好父亲，对我们要求非常严格，他教导我们永远不要撒谎、欺骗、偷窃……我敬重他的为人和品格。他愿意为孩子奉献一切，为我们做到最好……父亲疯狂地喜欢运动……我从来没有经历过憎恨父亲的叛逆阶段，我真的很喜欢他，无论从前还是现在。"说到这，欧麦话锋一转，开始讲他失去的东西："现在我无法和他沟通。他虽然活着，但精神已经不在了。对我来说，他并不是我的父亲，我父亲在五六年前就'去世'了。"

韦斯的妻子林恩也有同样的丧失感。"看着他什么都做不了，我很难过。"当她在厨房时，会让韦斯帮忙打打下手，但即使是把洗好的碗碟擦干这样简单的小事，对韦斯来说也是一个挑战。韦斯离开房间后，林恩陷入了沉思。犹豫许久，她开口说道："每隔一段时间我都会想，你要离开我了，我不希望你离开！"停顿片刻，她继续说："我不能总是想这些，否则会更心烦。我只要能和你在一起就很开心了。"

过了一会儿，她带着丈夫回到房间，问他："你还记得今天是什么日子吗？""嗯……不记得了。"韦斯肯定地说。"今天是我们的结婚纪念日。"林恩拍了拍沙发，让韦斯坐在她的旁边，继续说道，"我收到了欧麦和金寄来的贺卡。"她停顿了一下，然后念道："愿你们的结婚纪念日成为值得铭记的日子，铭记所有充满欢笑的快乐时光，也铭记所有被爱包围的感伤时光。"她的声音哽咽了，抬头看了看生病的丈夫，轻声说："今天是我们结婚三十周年纪念日。"他笑着说："哇！"她拥抱他，说："我爱你。"他没有拥抱她，只是嘿嘿笑着重复她的话："我也爱你。"[3]

安、林恩和欧麦都处于模糊的灰色地带——亲人虽然还在，但离他们越来越远。黛拉也有同样的遭遇，她面对的阿尔茨海默病患者还有暴力倾向。她和丈夫住在北达科他州一个偏远、荒凉的农场，平时她习惯了自己解决问题，但丈夫给她带来了太多麻烦，她只好向县里的阿尔茨海默病互助小组求助。我在一次小组会议上见到了她，她说："我丈夫总是无缘无故发脾气。有一天晚上，气温到了零下30多度，他突然冲出家门，站在院子里，回头冲我喊道'我就在这里跟你说再见了'。说完，他转身就走，再也没有回头。"这么冷的天气，他在外面一定会冻死的，于是她跑去打电话向治安官和哥哥求助，还好他们及时找到了他。

黛拉说："他经常到处乱跑，我和邻居家的女人总是要去玉米地里追他。后来我就开始担心，如果我在玉米地里摔倒了，那该怎么办。"在座的每个人都问了同样的问题。

黛拉补充说，丈夫虽然生病了，但他还能走路，身体比她还强壮。这对她来说是最困难的挑战。"有一次，他用手臂紧紧箍住了我的脖子，真的很疼。直到我不再挣扎，他才松开了手。"听说黛拉的丈夫现在很少有暴力行为了，小组成员这才松了一口气，但仍然担心她单独和丈夫待在一起时会有危险。

莉迪亚和家人也遭受过同样的痛苦。我采访了一个三代同堂的犹太家庭，年迈的祖父（我管他叫索尔）患有阿尔茨海默病。索尔的妻子莉迪亚已经七十多岁了，她准备把索尔送到养老院，然后和妹妹一起去佛罗里达州休养一段时间。一家人为此产生了矛盾。大多数成年子女觉得还是维持原状更好，父亲继续留在家里，仍旧由母亲照顾。只有莉迪亚的妹妹和一个十几岁的孙子（这让人有点意外）认为，这些无休止的工作已经让莉迪亚不堪重负了，他们都准备好了接受变化。三代人你一言我一语地争论了好几个小时。在此期间，我给他们讲了这样一个观点：面对模糊的丧失的家庭成员，对于让亲人"去"还是"留"持有不同意见，这是很正常的。家人们只需要像现在这样坐在一起，倾听彼此的观点就可以了。快到中午的时候，有人从厨房把饭端了出来。索尔的弟弟杰克一直沉默地坐着，突然，他大声说道："我们现在不需要像守丧似的，我哥哥还活着呢！"听到这句话，大家都走开了。我很高兴，他们全家人一起给模糊的问题找到了明确的答案。莉迪亚按照原计划把索尔送到养老院，然后和妹妹一起去度假。她非常需要这样的一个假期。她不在家的时候，儿女和孙辈轮流去探望索尔。多亏了杰克叔叔让大家意识到，索尔并未"离去"。

我们会为已逝之人举办悼念仪式，而当亲人并没有完全

第三章 并未分离的告别

"离去"时，我们就无法通过仪式得到慰藉，只能依靠自己的力量面对。我们的文化总是强调要解决问题，要用尽一切手段挽救濒死的生命，如果做不到，那就是失败。人们希望家属能好好照顾生命垂危的亲人，直到最后一刻。那么，谁来决定哪一刻是"最后一刻"呢？这个问题始终是不明确的，尤其是在家人违背病人的意愿，让医生采用各种极端措施过度治疗的时候。

无论是专业人士还是家庭成员，几乎没有人能够长期忍受自己无法掌控的局面。不确定性持续存在，会带给人太大的压力，不仅是家庭成员之间，就连家庭成员与临床医生之间的冲突也会增加。事实上，即使是专业的医护工作者，也未必知道该如何帮助被模糊的丧失困扰的家庭。因此，沟通显得尤为重要。如果家属问医生，病人以后会怎样，医生可以如实相告，"我不知道以后会发生什么"，这样的回应也比避而不答要好。如果家属要在完全不确定的情况下照顾长期患病的人，他们的情绪就亟须得到疏导。他们需要知道，未解决的悲伤将会对家庭成员造成怎样的影响。

模糊的丧失

在临床实践中，我经常发现一些来访者出现抑郁症状和人际关系方面的问题，但是他们在打电话预约时，很少提及自己面临模糊的丧失。海伦就是一个很典型的例子，她打来电话说自己感到悲伤和绝望，始终无法缓解，身为外科医生，她的工作也受到了影响。她结婚十年，丈夫是诊所的合伙人。自从丈夫前年离开她以后，她就陷入了这种情绪。第一次面谈即将结束时，我问她："你能回忆一下，在你过往的人生中，经历过的其他丧失吗？你记得的最重大的丧失是什么？"她问："为什么这些事很重要？"我回答："也许并不重要。"

一个星期后，海伦带着她列出的丧失清单来找我。她不紧不慢地读着，就像在读一份购物清单："第一，在医学院读书时经历了一次痛苦的失恋，男朋友把情人带回了家。这对我来说是重大的丧失，因为我很在意这份感情，我本来以为男朋友也跟我一样；第二，母亲得了阿尔茨海默病，五年前就不认识我了；第三，有几个好朋友因病去世了；第四，我和弟弟不再联系了，以前我们关系特别好，后来他开始酗酒，我觉得他变了，不再是以前那个可爱的孩子；第五（说到这里她有点哽咽，语速更慢了），我失去了十年的至爱，他曾经打开了我的心扉。"

海伦沉默了。她自己也感到很吃惊，清单上竟然列了这么多的丧失，而且程度越来越严重。她问我，为什么只有最后一次丧失"把她击垮"，我说也许这就是压死骆驼的最后一根稻草。我还提到了一个观点：未解决的丧失不会自动消失，只会越积压越多。我建议她："如果要治愈最后这次丧失带来的痛苦，那就必须重新审视之前的丧失，因为它们都是你人生经历的一部分。"

我和海伦一起讨论不确定性和丧失的问题，以及这两个因素是如何交织在一起，让人难以释怀的。海伦以前从来没往这方面想过。在她的丧失清单上，所有的丧失都没有彻底了结，只是随着时间的推移渐渐淡化了。经历了这么多次模糊的丧失（她以前从未听说过这个概念），既让她感觉自己被排斥、被否定，同时又让她产生一种深深的无力感。作为外科医生，海伦习惯于掌控全局，可是模糊的丧失让她无助而绝望。

模糊的丧失

在第三次面谈的时候，我和海伦探讨了一个话题：离婚之后，她永远失去的是什么，仍然拥有的是什么，哪些是可以挽回的，哪些是不可挽回的。最后得出的结论是，虽然亲密关系已经结束了，但工作上的合作关系（可能还有友谊）仍会继续。原来，她并不是失去了一切。意识到这一点，海伦似乎有了一些希望，也找到了可以坚持下去的东西。我第一次看到，海伦的情绪有所好转。

在第四次面谈的时候，我们谈到如果海伦和前夫能修复关系，她该如何设定界限保护自己，以防前夫有越界的想法。事实证明，双方的想法是一致的，他们都希望保持合作关系，愿意保留一些共同拥有的东西。经过努力，海伦和前夫又能在工作上继续合作了。

在最后一次面谈的时候，我和海伦聊起她的原生家庭以及她之前经历的模糊的丧失。她现在已经能很好地面对了。离婚这件事让她深受打击，但也让她看到了机会，情况就此发生变化。她说，早些时候她就有这样的顿悟：母亲得了阿尔茨海默病，让她体会到丧失感，但是"母亲的病也

第三章　并未分离的告别

带给了我最好的礼物，那就是我的父亲"。她解释说："在我的成长过程中，父亲总是忙于工作，很少在家。现在，他全心全意地照顾着母亲，我们终于和解了。我知道，他们都很爱我。"

海伦离开的时候满怀着希望，心态也变得非常乐观。我们最后一次联系时，她说和前夫合作得很好。我想起马戏团流传的一句老话："离婚不是中断表演的理由。"

情况不明朗的时候，人们都想努力保持冷静和镇定，但这绝非易事。塞维尔一家人在应对困境时，表现出了极强的适应能力，堪称典范。我之前从未见过像他们这样的家庭。母亲露丝以前是音乐家，虽然后来患了严重的阿尔茨海默病，但依然开朗乐观。她的三个儿子都是艺术家，他们以一种特殊的方式共同照顾着她。在一本关于母亲的书中，儿子汤姆写道：

> 医生和周围很多人都认为她患了阿尔茨海默病。最近几年，我们都注意到母亲的认知渐渐发生了变化，她

不再像过去那样幽默。父亲性格腼腆、为人谦逊，母亲这么多年来一直是我们家的主心骨。父母共同把我们三兄弟抚养长大。母亲以前很喜欢收集玩偶和古董，还教别人弹钢琴，可是现在，她越来越像个孩子，总是问爸爸妈妈在哪里，什么时候能回来。看到母亲变成这样，我们都很难过。现在我想通了，我很庆幸有这样一段和母亲在一起的时光，对我来说非常珍贵。我希望能像她那样。她做到了完完全全活在当下，大部分时间她都是快乐的，对每个人都很友善、热情。她关心别人，吃东西时总是要和大家一起分享。母亲喜欢音乐，当史蒂夫播放霍吉·卡迈克或阿特·塔图姆的唱片时，她会伴随着音乐跳起舞来。她动不动就大笑，和她在一起时，大家都很开心。

每天早上，我们跟她说朋友们都在等她，母亲会开心地穿上外套，由司机陪着一起离开家，坐地铁去"上班"（她的说法）。她"上班"的地点是一家养老院（每周去五天），是专门为像母亲这样的老人提供服务的日托机构。对母亲来说，那是一个很棒的地方。在我看来,创办养老院的两位女士就像圣人一样。

多亏了这个日托机构,我们兄弟几个能让母亲继续住在家里,周围都是她熟悉的东西。照顾母亲对我们每个人来说都是一个挑战,尤其是大哥多恩,他全身心投入这件事上。我会陪母亲跳舞、打球、吃饭,我们还经常互相开玩笑,一起大笑。我从母亲那里得到的是无条件的、完整的、甜蜜的爱。我不知道这一切能维持多久,也不确定母亲以后会变成什么样,但此时此刻,我只觉得自己的生命被母亲照亮了。[4]

塞维尔家的每个人都是有创造力的,他们没有对抗变化,而是享受母亲带来的新的生活方式,并且乐于从中学习。有一天早上,母亲说到自己现在的状态,她用了一句话概括:"我是真实的存在。"[5]大家听了都很高兴。

塞维尔一家人应对模糊的丧失的特别之处在于,三兄弟始终认为母亲是"在"的,包括精神上的存在。他们把她说的话当作一种特殊的语言,认为她孩子气的行为很可爱、迷人。即使她是阿尔茨海默病患者,她说的话在某种程度上也是有意义的。"我离开垫子了""云回来了,它们忘了什么事情",儿子汤姆会把这些话当作前卫的诗句。

汤姆:看着我的时候,您在想什么?
母亲:我爱你……非常爱。可能有三个你或者六个你,我不知道。
汤姆:三个或六个什么?
母亲:别闹了,我不知道。

母亲:亲爱的,你的号码是多少?
汤姆:您是问我的名字吗?
母亲:对,我该怎么称呼你?
汤姆:汤姆。

母亲:爸爸(指她的丈夫)在哪里?
汤姆:他五年前去世了。
母亲:哦,他不在了?
母亲:还好在爸爸去世之前,我们见了他。

第三章　并未分离的告别

母亲：你是谁呀？

汤姆：我是汤姆，您是谁？

母亲：什么都不是。

汤姆：什么都不是？

母亲：我什么都不是。我以为自己是什么，但我什么都不是。

母亲：你晚上会亲吻妈妈和小女儿吗？我现在想要个亲吻。

母亲：哦，先生，你能帮个忙吗？如果可以的话，我要告诉我爸爸、妈妈，还有孩子们，看我多么聪明呀。

母亲（说起她的父母）：他们为什么要离开我们？我们还是孩子呢。

母亲：我觉得他们拿了东西就走了。

汤姆：您说的是谁呀？

母亲：爸爸妈妈（指她的父母）。

在观察这个家庭中的男人如何照顾母亲的时候，我想起了诗人里尔克的话："耐心对待你心中所有无解之事，试着去爱上那些问题本身，就像爱上锁住的房间，爱上一本用陌生的语言写成的书……关键在于，与一切共存，与那些问题共存。也许有一天你会发现，你在不知不觉中找到了答案。"[6]

母亲露丝确实就像在一个锁住的房间里，说着陌生的语言，但是儿子们接纳了这些无解之事，并没有被母亲的精神状况影响。记得有一次，他们邀请我参加节日聚会。那天我去晚了，到他们家的时候，大家正在开心地聊天。我拿着外套上楼，惊讶地发现露丝的卧室里空无一人，我猜测着：难道她死了？我小心翼翼地走下楼梯，不知道该对大家说些什么好。出乎意料的是，露丝就在客厅里，穿着闪亮的礼服，被一群艺术界的朋友和邻居包围着，正在谈笑风生。露丝拿酒杯的手有些抖，马上就有人过来帮她扶好酒杯。她和大家热烈地交谈，没有人介意她的"胡言乱语"。我想起以前参加过的聚会——来宾中并没有阿尔茨海默病患者，但人们的交流毫无意义。

第三章 并未分离的告别

照顾精神缺失的家人会带来很大压力，而我的研究目标就是降低人们的压力水平。塞维尔一家以及之前的一些研究向我们展示出，患者与家属更积极地应对模糊的丧失的方式。他们打破传统规则，一家人继续快乐地生活在一起。他们从不谈论悲伤的事情，也许是对艺术的感知力帮助他们很好地适应了家庭的变化。他们并不认为母亲精神缺失，而是根据母亲病情的变化随时调整自己看问题的视角。他们甚至很享受母亲带来的新的生活方式。当然，并非所有阿尔茨海默病患者都能如此乐观，但塞维尔一家人的韧性和创造力，可以给面临模糊丧失的人一些启发。

* * *

模糊的丧失不仅来自家中有慢性精神疾病患者，也来自日常生活中不清不楚的分离。一个非常具有普遍性的例子就是很多人对工作过度投入。如果家人过度沉迷于工作，不关心其他事，那么他其实并没有真正陪伴在我们身边。

菲尔和妻子玛吉一起接受了夫妻心理治疗之后，因为妻子抱怨他在家的时间太少，菲尔便开始提早回家，他觉得这样就可以解决问题。但结果并不如他想象的那样，他们之间的关系仍然紧张。正如玛吉所说："他人是回来了，但心还留在办公室，还在文件里。"菲尔也认同这个说法："我虽然回家了，但总感觉和家人有隔膜，即使在家，也处于工作状态。"

菲尔人在家里，但精神缺失，与其如此，他还不如待在办公室。像他这样心不在焉地勉强待在家里，带给妻子和孩子的压力会更大。父亲留在家中，并不意味着这就是个完整的家庭。

每天，孩子们都在等待父亲结束漫长的工作回家，就像等母亲下班一样。但即使父亲在家里，也几乎没什么存在感。他大部分时间都待在书房或车库，或者花在运动、个人爱好上，或者沉浸在工作中，或者沉迷于电视和电脑游戏。虽然一家人住在一起，但家庭氛围并不和睦。

每个家庭（包括菲尔和玛吉的家庭）所面临的挑战是如何

第三章　并未分离的告别

保持精神上的连接。过去,许多家庭至少会一起吃晚餐,而现在,即使全家人都在,也很少聚在一起吃饭。这个现象令人担忧。如果我们不花点时间彼此深度交流,精神层面的家庭就有可能消失。如果我们很少交谈、争论,不分享各自的故事,不一起欢笑,不表达爱意,那么我们就不是家人,而只是共用一台冰箱的人。

* * *

移民家庭中也经常出现精神缺失的现象,对年幼的孩子影响尤为严重。父母和祖父母思乡心切,甚至陷入抑郁。他们心里只想着远方的亲人,很难把情感投注到孩子的身上。

在移民家庭中,几代人可能会同时经历两种模糊的丧失(精神缺失、人不在身边)。我们家就是如此。1909年,我的外祖母埃尔斯贝丝自愿来到美国,但由于大萧条时期的经济不景气,再加上"二战"期间大西洋航线不通,她不能回瑞士探望母亲。她再也无法见到母亲、兄弟姐妹、朋友以及她深爱的阿尔卑斯山。大家都能看出来,她无法适应在美国的新生活。我母亲说:"她人在美国,可是心一直都在瑞士。"弗洛伊德可能会把这种长期思乡的情绪定义为忧郁症。不管定义是什么,我外祖母因为与家人分离,始终处于精神恍惚的状态,让她的女儿,也就是我母亲感受到了精神上的丧失。我问母亲当年她是如何应对的,母亲给我讲了这样一个故事。

我永远都猜不透她在想什么。小学三四年级时,每天放学回家,我都看到母亲一动不动地站在窗边,向东方眺望。她用家乡的方言说,她看的是家乡的方向。早餐用过的碗碟还摆在桌上,没有清理,床也没有铺好,晚饭也没有准备。即便那时我还小,我也觉得母亲这样做是不对的,别人的妈妈不会这样。

长大后,我越来越发觉,母亲虽然人在美国,但心在瑞士。她走神的时候,我一眼就能看出来。起初,我总想试着把她拉回现实,但她会大发雷霆,把气全撒在孩子们身上,尤其是我。在我十岁那年,有一次,

第三章 并未分离的告别

她威胁我们说她要自杀,所以后来她走神的时候我再也不敢打扰她了。她总是闷闷不乐地躺着,还经常生病,家里所有的家务活都是我干,我还要负责照顾兄弟们。

导致外祖母抑郁的原因是多方面的。在她最需要母亲和姐妹支持的时候,她们都不在身边,这无疑增加了她的痛苦,让她无法正常生活,无暇关心、照顾女儿。年幼的韦雷娜(我母亲)只能自己照顾自己。

八年级毕业后,我去一个女人家里做女佣。[7]她教我做饭、打扫房间。她算不上慈母,但她至少会和我聊天,教我学东西。我这才知道,原来别人家的家庭生活和我家是不一样的。十八岁那年,我嫁给了住在牧场附近的一个瑞士移民。结婚后,我的生活变好了,过去的种种不愉快也烟消云散。我是这样看待这件事的:这不是我母亲的错,她从来都没有适应这里,她被丈夫和孩子束缚住了,又没有钱,既不能回去,又不能留下来好好生活。

很多移民家庭的父母和子女都像我外祖母和母亲这样，只能自己想办法应对模糊的丧失。医学界、宗教界和法律界人士通常不会关注这种丧失，朋友和亲戚通常也意识不到这种现象的存在。如果无法化解的悲伤得不到理解，就会给人带来更严重的伤害。邻居们会说："你还抱怨什么？能来到这里多幸运呀！""你有丈夫、有孩子还不够吗？""虽然你见不到母亲，但至少她还活着，这已经很值得庆幸了。"诸如此类的话。部分性的丧失不容易被人理解，这会让经历丧失的人更加迷茫。

当患者出现无法化解的悲伤症状时，医生通常会开一些抗抑郁的药物。虽然在许多情况下，药物是有益的，但对于要与模糊的丧失长期共存的人来说，光靠服药是远远不够的。专业的治疗师要想帮助他们恢复健康，过上正常的生活，就不能仅仅关注那些明显的症状，而是要倾听患者的故事，了解他们所感受到的压力。当然，患者出现身体症状或心理症状时，受过专业培训的临床医生有必要对他们进行常规评估，但与此同时，也需要评估他们的家庭生活。家庭对人的影响最大，如果想用有效的方式帮助患者摆脱痛苦，就首先要了解其在家庭中面临的丧失，无论是明确的丧失还是模糊的丧失。

模糊的丧失

Chapter 4

第四章　　错综复杂的情感

当预料到会失去亲人时，我们既想紧紧抓住他们，又想把他们推开。既不希望他们离开，同时又希望通过告别来终结痛苦。

即使是正常人，身体里也住着两个灵魂。

——厄根·布洛伊勒，

《精神病学教科书》(Textbook of Psychiatry)

经历模糊的丧失的人，内心充满了矛盾的想法和感受。一方面，他们害怕身患绝症的亲人去世，害怕收到失踪已久的亲人死去的消息；但另一方面，他们又希望一切有个了断，结束漫长的等待。亲人让他们陷入了困境，他们甚至会因此感到愤怒，但同时又会因为自己有这样的想法而感到内疚。如果家庭成员这些未解决的悲伤得不到理解，这种矛盾的情感就会变得越来越错综复杂，让他们不堪重负，寸步难行，无法做决定，无法行动，更无法释怀。

一个多世纪以来，"矛盾"的概念一直是心理学和精神病学的核心，它聚焦于心理上的矛盾和冲突，主要是指对同一对象存在两种对立的（积极的和消极的）情绪和态度。[1]要想克服矛盾心理，就要帮助一个人认识到他的矛盾情感。从心理学的角度来看，问题的根源就在于，和其他感受相比，个体更容易意识到对一段关系的感受。

但社会学又给我们提供了另外的视角。[2]根据社会学的观点，矛盾心理是认知因素（如社会对角色和地位的定义）和情感因素（包括条件反射和习得行为）混合而产生的。因此，从这个角度来看，一个人有可能因为家庭成员的定位存在模糊性，而产生矛盾心理和相互冲突的情感。

这种矛盾心理常常会因家庭之外的因素而激化。政府公职人员找不到失踪的亲人，医疗专家无法明确诊断疾病或者治愈疾病，这些不确定性都会让家属无法了解自身处境，于是就出现了矛盾心理——既爱一个人又恨一个人；能接受丧失，同时又否认丧失；愿意照顾病人，内心却又充满抗拒。我们的社会文化认为，照顾者是不应该表现出厌烦情绪的，因为这会给失踪者、患阿尔茨海默病的老人或昏迷的孩子造成更多的伤害。所以人们通常会压抑情绪，努力抑制自己攻击他人的冲动。这是一种束缚，对那些通常要负责照顾病人的女性、在家中苦苦等待失踪亲人的女性来说就更是如此。

有些分离有可能会带来无可挽回的丧失，在这样的情况下，人们就会产生更复杂的情感。当我们意识到自己再也见不到亲人时，为了避免自己因为丧失而痛苦，我们会做出矛盾的行为——疏远、冷落伴侣，与父母争吵，甚至和兄弟姐妹断绝来往。当预料到会失去亲人时，我们既想紧紧抓住他们，又想把他们推开。既不希望他们离开，同时又希望通过告别来终结痛苦。

许多飞行员的妻子对我说，丈夫要去越南执行危险的飞行任务前，她们陪丈夫在夏威夷或曼谷休养，最后几天总是会以不愉快收场。夫妻俩要么吵架，要么其中一个沉默不语，独自坐着发呆。一位女士说："他还没有离开，可我感觉我们已经分开了。"说完她就陷入了深深的自责。

除了这种极端情况，在日常生活中，即将与亲人分别时也会出现类似的情绪波动。比如孩子要离开家去外地读大学，这也是一种模糊的丧失。每年秋天，在这段特殊的过渡时期，父母们都会产生矛盾心理：既为孩子高兴，又为孩子要离开家而难过。有的父母会在孩子走之前跟他们闹别扭，仿佛这样做就能减轻离别的痛苦。即将面临丧失时，大多数人都会产生矛盾的想法和情绪。

在人际交往中出现矛盾情绪是很正常的，但如果亲人多年来一直下落不明，这种情绪可能就会让人难以承受。以一位送养孩子的母亲为例。20世纪40年代，有位女子爱上了一个水手，可是他们还没结婚，水手就牺牲了。女子生下男婴后，把他送给别人收养。五十年过去了，在一次电视采访中，女子说："把孩子送走后的这五十年，我每天都在想念他。"记者问："那你是否后悔当初送走孩子？"她回答："嗯……我当时的心情很复杂。"她接着解释说，她担心当时的社会环境容不下她的儿子。在20世纪40年代，小镇上的人不能接受未婚生子，她怕儿子会受到歧视。"儿子能够在一个正常的家庭长大，我很开心。"接着她又补充说，"但我从来没有停止过对他的思念。"

这位女子对儿子的长久思念，也是矛盾心理的体现，但她的矛盾心理不是个人问题，而是社会传统观念导致的。多年来，她一直在通过网络寻找儿子，巧合的是，儿子也一直在找她。母子团聚后，她说："当你不得不把孩子送养时，就好像你人生中的几个篇章消失不见了，现在我终于找回了人生中缺失的篇章，我觉得我完整了。"[3]

* * *

模糊的丧失会让夫妻或家庭之间的界限变得不清晰，让人们开始质疑自己的亲密关系：谁真正属于我？谁并不属于我？这样的问题让人恐惧、困惑并且夹杂着愤怒。作为家庭治疗师，我经常会听到诸如此类的问题："我还是一个母亲吗？""我有丈夫吗？""我到底有没有结婚？"即使是没有经历模糊的丧失的家庭，关于"谁是家人"也难以达成共识。可以让你的孩子或伴侣在纸上画一个圆圈，代表家庭内外的分界线，然后让他们在圆圈内画出自己心目中的家庭成员，并且以距离的远近表示家庭成员之间的亲密度。他们画出来的结果可能差异很大，让你感到吃惊。把哪些人视为家人，这是个人的事，但如果一对夫妻或一个家庭要和睦相处，就必须在这个问题上达成共识。不同性质的家庭（比如再婚家庭与初婚家庭）以及不同的文化背景下，人们的观念会有很大差异，如果家庭成员之间能够互相理解，就可以避免模糊的丧失带来的破坏性影响。

家庭成员可能各有各的观点，但有些人更有话语权。孩子觉得父母都是家人，而父母（尤其是当他们关系紧张时）可能根本不这么看。他们并没有把对方当作家人，这与他们的婚姻状况无关——无论是已婚、离婚、再婚还是未婚，都有可能出现这样的情况。如果父母中的一方出席了孩子的生日宴会，另一方就拒绝参加。孩子成年以后，节假日的时候要在多个家庭之间匆忙赶场，因为父母无法共处一室，哪怕互相忍耐几个小时都不行。久而久之，孩子

模糊的丧失

与父母中的任何一方在一起时，都会感到极其紧张，心中充满矛盾。夹在水火不容的父母之间，孩子左右为难。关于家庭边界的问题，家庭成员可以有不同的看法，但如果极端的观念差异持续存在，这种模糊性就会导致矛盾心理，进而让家人之间的关系出现问题。

只要问问那些重组家庭的成员就会了解，这样的家庭一般会有"他的孩子"、"她的孩子"和"他们的孩子"，再加上有血缘关系的亲戚、没有血缘关系的亲戚和多位祖父母（外祖父母），让家庭结构变得更加复杂。父母离婚后，如果其中一方再婚，而孩子跟着另一方，他会觉得再婚的父亲（母亲）不再是自己的家人。如果有多个子女，父母离婚后兄弟姐妹被分开，有的跟着父亲，有的跟着母亲，他们也会感到模糊的丧失，不确定哪些人是家人，因而产生矛盾心理：这是我的弟弟，还是我父亲的女友的儿子？这是我的母亲，还是说她只是我父亲的妻子？母亲的新丈夫能算是我的父亲吗？一切都模糊不清，情感依旧是混乱的。

第四章 错综复杂的情感

即使父母没有离婚，这种矛盾心理也会破坏家庭的和谐，甚至会产生危险的后果。我曾经接诊过这样一个家庭，十五岁的女儿两次放火烧母亲的床。女孩叫特里什，曾被送进精神病院接受治疗。即将出院时，我负责帮助她的家人做好准备，迎接女孩回家。除了她的父亲，家里的其他人都因为她要再次回家而感到不安。她的父母经常互相指责，冲突不断。两个人的文化背景不同：父亲来自希腊，母亲来自美国中西部。他们对婚姻和家庭关系的看法也迥然不同。父亲信奉父权制，即使大部分时间都不在家，他也觉得自己是当家作主的人。父亲不在的时候，都是母亲做家务，照顾孩子。她希望丈夫能多陪陪她。其中一个孩子说："我妈妈没什么爱好。"母亲表示认同。父亲说，他不工作、不需要开会的时候，会去看望同在美国的兄弟们。母亲叹了口气说："我愿意为家庭付出，可这是家吗？他和兄弟们在一起，而我只能被困在家里，孩子们根本离不开我。"我问："如果孩子们能照顾好自己，可以自己待一会儿，你想做些什么？"她说："我特别希望我丈夫对我说'我们一起过周末吧'。"父亲假装没听见，转移话题说："我希望我在家的时候，家人都能陪在我身边——

模糊的丧失

所有人都在一起。我们在一起的时候,我感觉特别好。"我问他是否希望这个家就像他来美国之前的家,也就是他失去的家。我第一次看到他的眼睛湿润了,但他很快就调整了状态:"在那个家里,我父亲是权威,不可违抗。"

其实这个家令人担忧的不只是放火的女儿,还有其他比较严重的问题。大儿子脾气暴躁,稍不合心意,就会动手打母亲。父亲既不支持妻子管教儿子,也不去制止儿子的行为。母亲觉得孤立无援,再加上女儿又要回来了,她感到非常害怕。而父亲很想让女儿回家,并且认为一切都是他说了算。

他们家的情况有点复杂,所以我请了一位治疗师来做我的搭档[1]。我还向威斯康星大学麦迪逊分校的卡尔·惠特克教授请教,他说:"这个女孩可能有恋父情结,但治疗的时候一定要全盘考虑。"[4] 惠特克认为,改善系统环境是解

---

1 在心理治疗过程中,主治疗师(primary therapist)会和其他治疗师搭档合作。这种合作模式在团体心理治疗中尤为常见,通常包括一位男性治疗师和一位女性治疗师,或者两位治疗师在角色和职责上进行协作互补。——编者注

决个体问题的关键。

一家人再次来做面谈时,我和搭档吃惊地发现,特里什也一起来了。尽管母亲很害怕,但医院还是把女孩送回了家,让她试着和家人相处一段时间。危险似乎近在咫尺。这次面谈,我要不要和这个有着恋父情结的女孩探讨潜意识欲望和性象征呢?在我们交谈的过程中,特里什透露了一个重要的信息。她不经意间提到了她的"第一把火",我以为她指的是第一次放火烧母亲的床,但她说:"不是,我说的是第一次遭遇火灾。在夏令营的时候,我在篝火边烤棉花糖,结果我的衣服被点着了,烧伤了后背。"

我深吸了一口气。之前从来没有人提到过这场火灾,机构给我的所有报告中也都没有提到。我打电话问特里什的治疗师是否知道这件事,他们说"不知道"。原来是外部因素导致的创伤,让这个家庭陷入混乱,可是这个因素被大家忽略了。人们只关注特里什的心理,而没有关注她或整个家庭曾经经历了什么。

我们花了几个星期的时间探讨这个创伤性事件，但整个家庭的痛苦似乎更集中在模糊的丧失，而不是火灾上。母亲又提起了她在过去那些日子里对丈夫的愤怒——在特里什因三度烧伤住院的那几天，她特别需要丈夫陪在身边，可是他却去外地开会了。在特里什要手术切除烧伤皮肤的那天（对女儿来说是极其痛苦的一天），丈夫却打电话说有事不能回家。母亲只能独自面对女儿的痛苦。她永远也无法原谅丈夫，在如此艰难的时刻没有陪伴在她和女儿身边。

治疗师可以采用多种方法帮助这个家庭，但有一点需要明确：第一次火灾并不是任何家庭成员的错。而给这个家庭带来痛苦的，不仅仅是女儿因三度烧伤而产生的创伤，更多的是不确定性和疏离——父亲和母亲之间，父母与孩子之间，都是疏离的，他们并没有真正"在一起"。虽然这个家庭的问题错综复杂，但很明显，模糊的丧失是令他们痛苦的最重要的原因。丈夫很少陪伴妻子和孩子，在家的时候又非常专制，永远高高在上。他一直牵挂着故乡的家，对妻子和孩子的情感充满矛盾。他思念祖国和亲人，对专制的父亲又满怀愤怒，而他现在无法见到父亲，愤怒无从发泄，问题也就无法解决。妻子的丧失感源自经常不回家的丈夫，即便人回来了，心也不在家里。孩子们的丧失感源自父亲的缺位，再加上母亲因为丈夫不回家而郁郁寡欢，家里的气氛很压抑，孩子们不敢随便说话，时刻都在担心会遭到虐待或被抛弃。这个家里的每个人都没有考虑其他人的感受。父母和孩子都充满矛盾心理，不知该彼此亲近还是疏远，该爱还是恨，该表达愤怒还是隐藏愤怒。最终，愤怒以极其危险的方式爆发出来。

这是一个比较极端的个案，生活中更常见的情况是，父母和孩子会采用不那么危险的方式，表达他们对"分离"和"在一起"的复杂情感。有这样的感受是很正常的——父母既想让孩子留在身边，又希望他们能自由飞翔；孩子既想离开家去闯天下，又想留下来陪伴父母。在大多数情况下，我们都能够意识到这种矛盾心理，我们会谈论它，甚至拿它开玩笑。通过相互之间的交流和沟通，因模糊的丧失而产生的复杂情绪就会得到缓解。

然而有些时候，对于所爱之人究竟"在"还是"不在"，我们可能并不想要一个明确的答案，觉得就一直这么模糊下去也挺好。以电影《蝴蝶君》（*M.Butterfly*）为例：法国外交官伽利马看过舞台剧《蝴蝶夫人》后，爱上了在舞台上扮演蝴蝶夫人的演员宋丽玲。二十年后，伽利马因被指控泄露情报而被捕，被捕后他才发现，他深爱的蝴蝶夫人竟然是个男扮女装的间谍。[5]实际上，伽利马是有机会验证对方的性别的。宋丽玲为了让他消除疑惑，曾提出要在他面前脱掉衣服，但伽利马拒绝了。他并不想知道真相，因为他对自己的性取向有种矛盾心理，宋丽玲性别模糊，反而让他感到安心。对于一个无法接受自己可能会爱上同性的男人来说，不知道真相也许让他更有安全感。

这是根据真实故事改编的电影。在伽利马的潜意识中，尽管事实显而易见，但他并不想知道。每当伽利马有所怀疑时，宋丽玲都会垂下眼帘，仿佛在说："我有点害羞，不过如果你坚持，我会脱下衣服给你看，因为我太爱你了。"伽利马陷入了进退两难的境地，但每次他都选择退缩。宋丽玲甚至交给伽利马一个孩子，而伽利马认为那就是他的

第四章　错综复杂的情感

亲生骨肉。他们的关系能维持那么久，究竟是因为伽利马潜在的同性恋倾向，还是因为宋丽玲的演技实在太出色呢？在他们共同生活的二十多年里，伽利马显然从来没有考虑过要接受事实。

在现实生活中，我还没有见过像伽利马和宋丽玲那样（或者像贝蒂·考克斯与身为爵士乐手的丈夫比利·蒂普顿[1]那样）极端矛盾的伴侣关系，但我确实见过有些夫妻或家庭因为家庭成员的状态模糊而产生复杂的情感。家人不愿面对亲人的真实状况，而旁观者都看得一清二楚，他们会说："注意点吧，你父亲不能再开车了，他都不知道自己要去哪里。""你母亲不只是因为年纪大了健忘，她是得了阿尔茨海默病，不能再让她用炉灶了。""你父亲失踪了，永远都找不到了，不要再找了。"人们很难接受事实，因为这意味着丧失是无可挽回的。这种心理是可以理解的：

---

[1] 比利·蒂普顿（Billy Tipton），本名多萝西·露西尔·蒂普顿（Dorothy Lucille Tipton），是一位美国爵士钢琴家和萨克斯风手，在职业生涯中更倾向于以男性身份出现，经常穿着男性服装在多个音乐团体中表演。她成功地以男性身份生活，并与多位女性建立了法律上的伴侣关系，还领养了三个儿子。——编者注

模糊的丧失

我们宁愿矛盾纠结，也不愿面对悲伤。至少在当下，我们可以维持现状，不必内疚。我们没有失去任何东西，也不用承担任何责任。[6]

随着时代的发展，在识别和诊断某种特定疾病方面，医疗技术取得了很大进步。人们可以自主决定是否要深入了解某种疾病——是清楚地了解疾病的发展，还是不去理会，难得糊涂。关于这个问题，人们的内心充满矛盾。比如，现在已经有专门针对乳腺癌、前列腺癌、艾滋病、渐冻症、亨廷顿病和阿尔茨海默病等严重疾病的检测手段，能够精确识别出已经患病的人和未来可能患病的人，但许多人拒绝接受检测，因为他们对于是否要知道检测结果感到很矛盾。他们宁愿处于模糊的状态，也不愿知道未来会发生什么。如果不知道，就还留有一丝希望——也许不会患上这些可怕的疾病。然而，选择回避事实是要付出代价的。有个人的父亲是亨廷顿病患者，尽管他有50%的概率不会患上和父亲一样的病，但他仍然拒绝接受检测，而且不打算结婚生子。他害怕知道自己的命运，内心充满矛盾，这样的心理使他无法与别人建立亲密关系，也无法对未来做出承诺。最终，女友和他分手，离开了他。他确实避免了潜在的痛苦，但同时也失去了获得幸福的机会。

在大多数情况下，面对模糊的丧失时，人们还是会积极地寻找明确的信息，可惜很多时候根本无从获取。我见过失踪士兵的家属、失踪儿童的父母以及艾滋病和阿尔茨海默病患者的家属，他们一直没有放弃努力。他们并不是不愿接受现实，而是事实总是不明晰。人们变得更加茫然，不知道是该继续维持婚姻还是恢复单身，是仍然怀抱希望还是干脆放弃，对于失踪的人，不知是该恨还是爱，该离开还是留下，该放手还是等待。阿尔茨海默病患者的家属总是处于既悲伤又烦躁的状态，烦躁是因为要照顾病人，悲伤是因为即将失去亲人。最亲密的家人，现在却根本无法沟通，哪怕内心再强大，也会产生矛盾心理。这种复杂的情感会阻碍我们做出改变，并因此而停滞不前。

比尔夫妇每年冬天都会去佛罗里达。我问比尔夫人，在过去这一年，和比尔先生的阿尔茨海默病相关的事件中，哪件事最让她紧张。比尔夫人给我讲了春天的时候他们从佛罗里达返回途中发生的事情。比尔先生负责开车,开到芝加哥的时候,他突然不知道该往哪里开了。这次经历让比尔夫人感到很害怕,但她说下次去佛罗里达,还是会让丈夫开车。我问她为什么,她说不知道该如何告诉丈夫他不能再开车了,而且她从来没有开过长途,不确定自己能不能开这么远的路程。比尔夫人宁愿继续置身于危险的境地,也不想去学习提高驾驶技术。

矛盾心理与模糊状态交织,最终一定会出问题。其实我们是可以想办法避免的。后来,他们全家人一起讨论了目前的状况,大家都意识到,为了保证安全,必须由比尔夫人开车。女儿主动提出教她在高速公路上驾驶,等星期天车流量不大的时候她们一起练习。比尔夫人六十四岁了,但通过尝试,她发现自己不仅能开长途,而且开得很好。在汽车俱乐部的帮助下,她规划了路线,和丈夫再次回到佛罗里达,这次是她开车。多亏有孩子们的支持,她很快适应了自己的新角色,不再矛盾纠结。

这个故事让我想到,有些地区不奉行父权制,那里的人是

第四章 错综复杂的情感

如何解决问题的呢？奥吉布瓦人和克里族人给我讲了许多家庭的例子，这些家庭都是父母一方或双方不在孩子身边。父母缺位对他们的影响不像我们这边这么大，因为在大多数情况下，如果父母不在，祖父母会负责照顾孩子，阿姨和叔叔也会在需要时充当父母的角色。如果我们能更灵活地定义家庭成员的角色，可能就不会那么在意父母的缺位了。

家庭界限也是可以灵活定义的，史蒂文·斯皮尔伯格导演的电影《E.T.外星人》（成人和孩子都容易理解）就很好地说明了这一点。[7]影片中，一个叫埃利奥特的十岁的小男孩发现了意外走失的外星人，他悄悄地收留了外星人，并把他介绍给自己的哥哥和妹妹。男孩的父母离婚了，母亲总是忙于工作，男孩感到很孤独，遇到外星人后，他们建立起深厚的友谊，弥补了男孩在情感上的缺失。渐渐地，男孩与外星人之间产生了某种奇妙的连接，但外星人却渴望着回家。男孩意识到，如果外星人不能回到他的同类那里，他就有可能死去，此刻，男孩内心充满了矛盾。他希望外星人活下去，但又不希望他离开。他对外星人说：

模糊的丧失

"我们可以一起长大，我不会让任何人伤害你。"然而，外星人的呼吸变得越来越困难，好像就快要死了。后来，外星人苏醒过来，男孩终于克服了自己的矛盾心理，立刻采取行动，把外星人送到飞船会来接他的地方。"家。"外星人说。男孩知道这意味着永别，但他也知道这是让外星人活下去的唯一办法。分别的时刻到了，外星人悲伤地对男孩说："来吧！"男孩说："留下。"意思是自己不能离开。两个人都叹了口气，彼此拥抱了很长时间。外星人发出温暖的咕噜声，他们互相看着对方，男孩说："和我在一起吧。"这时，发生了一件有特殊意义的事。外星人用发光的手指触碰男孩的额头，说："我就在你身边。"他们分开了，外星人慢慢地走进飞船。门关上了，他的身体消失不见。男孩既感到悲伤又有一些开心，虽然外星人离开了，两个人的心却连接在了一起。外星人将永远留在他的记忆里，这段经历彻底改变了他。

如今，儿童精神病学研究人员把《E.T.外星人》当作唤起情绪反应的刺激物，来研究哮喘患儿心率、呼吸频率和情绪反应的变化。[8]研究人员希望能发现紧张的家庭关系、

第四章 错综复杂的情感

父母不和对孩子情绪和生理功能的影响。斯皮尔伯格曾经说过，外星人的故事在他脑海中萦绕了几十年，影片的灵感来源于他童年时的经历。父母离异后，他感到很孤独，经常幻想着能有个外星人像亲人一样陪伴着他。

研究表明，哮喘患儿观看《E.T.外星人》中的"告别"场景时的情绪反应，可能与模糊的丧失和矛盾心理有关。就像影片主人公埃利奥特一样，哮喘患儿在看到外星人离开时，也是既悲伤又开心。这种剧烈波动的情绪反应是自主神经系统功能不稳定的表现。此外，在看到"告别"场景时，患儿的血氧饱和度（间接反映肺功能）也不稳定。研究人员将这些表现归因于复杂而矛盾的情绪。有了这样的研究作为佐证，将模糊的丧失和矛盾心理与情绪反应联系起来，就能为那些因情绪压力而影响身体健康的儿童制定预防和治疗策略。

* * *

只关注人们的心理和自我意识，并不能帮助他们摆脱矛盾心理，甚至会让他们觉得出现这些症状都是自己的错。传统的做法是让人们意识到情感有两面性，而如果矛盾心理是源于模糊的丧失，那就需要同时解决外部环境问题。在理想的情况下，模糊的状态会逐渐变得清晰：找到失踪的孩子，身患绝症的伴侣最终安详离世，找到失踪士兵的遗骸并妥善安葬。然而在现实生活中，我们很难得到清晰的结果，因此就需要承认模糊的丧失的存在。是它导致了矛盾的心理，产生复杂情感是正常的。要让人们知道，这不是他们的错，并帮助他们了解自己的全部感受，这样才能减少他们对治疗或干预的抵触情绪。

Chapter 5

第五章　　　跌宕起伏的心情

大多数人都会在某个时刻体验到过山车式的压力，只是程度有所不同而已。不过，我们最终都能稳住局面，并找到解决之道。

约翰的妻子莎拉是阿尔茨海默病患者，病情已到晚期。我和我的研究助理前往他们中西部小镇的家中探访。莎拉蜷缩着身子躺在客厅的病床上，姿势就像子宫中的胎儿一样。床边放着一台霍耶升降机，方便帮她移动和翻身。莎拉已经无法正常吞咽食物，稍有不慎就会噎住。约翰做出了一个艰难的决定：给她插管喂食。

我感觉这个家庭所承受的压力是过山车式的。约翰刚刚经历了人生中的至暗时刻，他必须做出抉择：是让患有阿尔茨海默病的妻子饿死，还是给她插管喂食，从而延长她的生命。我问约翰，与阿尔茨海默病抗争的这些年，现在是不是最低谷。我以为他会回答"是的",但我想错了。我和其他研究者都曾针对家庭压力与危机做过相关论述,而约翰的回答对于我们的论述是一个挑战。[1]

约翰说,妻子的病情是逐步恶化的,她患病期间发生了一系列危机,无法吞咽食物只是其中之一。我问他:"其他危机是什么?"他接过我手中的笔,说:"我画给你看。"约翰画了一个向下延伸的楼梯,把每一级楼梯都标记为一个新的危机。他说,每往下走一步,他都会感到困惑,有一段时间,他不知道该怎么做才能控制局面。

楼梯的最顶端代表第一个危机。约翰说:"她在自己的房子里迷路了。"他说当时他惊慌失措,不知该怎么办才好。过了一会儿,他鼓起勇气带莎拉去看医生。诊断结果出来了,正如他所担心的——可能是阿尔茨海默病。"但是现在,我们已经知道面临的是什么情况。我负责照顾全家人,我们还是像以前一样生活。"

第二个危机是约翰意识到他再也不能和莎拉去旅行了。过

模糊的丧失

去，他们最开心的事就是旅行，所以对约翰来说，不能去旅行是重大的丧失，他觉得很难过，同时又有种被困住的感觉。但是，随着时间的推移，约翰逐渐接受了这个事实。他还更改了对旅行的定义，把"一日游"也当成旅行，比如出去钓鱼、打高尔夫球。

他刚刚从"不能去旅行"的危机中恢复过来，另一个危机接踵而至。约翰在第三级台阶上写道："深更半夜，莎拉漫无目的地到处走动。"因为妻子的梦游，约翰再也无法安心入睡，他总是要到处找莎拉，让她回到床上睡觉。后来医生给莎拉开了药，这个危机最终得以解决。接下来还有更多的危机，但约翰的情绪波动逐渐减弱了。约翰说第四个危机是"大小便失禁"（"这让我深受打击"），第五个危机是"肺炎"（"莎拉差点死掉"），第六个危机是"她再也不认识我了"。第七个危机是"插管喂食"，约翰说："到这一步（最后一步）是最难的，因为我们知道这是死亡前的最后阶段。"确实如此。在过去很长一段时间，他经历了一连串的起伏，而这次是他的最后一次跌落。他指着最下面的一级台阶说："这是即将到来的死亡。我们

第五章 跌宕起伏的心情

还没到那一步。"那次会面结束后，五年过去了，莎拉还活着。

约翰的回答给了我很多启发，让我了解到，即使是健康的照护者，在长时间面对模糊的丧失时，也很难掌控自己的生活。这不仅让人更加无助，还会让人失去力量，许多人因此而抑郁。从约翰身上我们可以学到，应对阿尔茨海默病这样的疾病并没有那么可怕。约翰能直面每一次危机，做出决策，转危为安。在生活相对平静的时候，他能够放松下来，充分休息、娱乐，并接受邻居和社区的帮助。

像约翰这样的照护者常常会发现，他们可以找一些固定的、有规律的事情做，这样就能缓解照顾病情不稳定的亲人所带来的压力。比如约翰每周四去打高尔夫，每周日去教堂。其他人可能会从社交中寻求精神上的安慰，比如向朋友倾诉。但是如果周围的人并没有意识到模糊的丧失会带来创伤，就无法提供有意义的帮助。约翰是幸运的，因为邻居们了解他经历的一切。他们来他家探望时，看到他妻子的健康状况不断恶化，都觉得约翰需要多出去走走，

模糊的丧失

交一些朋友,而这并不是对妻子的不忠。

遗憾的是,并不是周围所有人都能理解照护者的需求。人们通常会选择远离或者指责那些需要帮助的人。他人的不幸会让我们意识到自己的脆弱,并因此而感到焦虑。我们会想,如果是自己处于约翰那样的境地,或者得了他妻子那样的病,我们能承受得住压力吗?此外,如果模糊的丧失会持续很长时间,需要耗费太多的心力去提供帮助,也许邻居和朋友就会产生畏难情绪,变得望而却步。

重要的是要认识到,大多数人都会在某个时刻体验到约翰所承受的过山车式的压力,只是程度有所不同而已。不过,我们最终都能稳住局面,并找到解决之道。当然,我们还是会再次陷入困境,感到无助,无法预测未来会发生什么,但只要有家人、朋友和邻居的关心与支持,再加上我们从精神信仰中获得的力量,我们就能够在经历大起大落后再次坚持下去。

*　*　*

在这个痛苦的过程中，很多人容易出现的一个并发症就是"否认"。有时，当面临即将失去亲人的威胁时，我们会闭目塞听，拒绝接受痛苦的现实。否认通常被认为是一种防御机制，在面对不确定性的时候，人们为了保护自己，就尽量不往最坏的方面想。比如，不知道失踪的亲人是否还活着，不知道患了绝症的亲人是否很快就会死去，在这种情况下，保留一线希望是可以理解的。毕竟，心中还有希望，说明心态是乐观的，在面对模糊的丧失时，乐观能起到积极的作用。克莱因一家就是这样。我同事注意到，在1989年11月12日的《明尼阿波利斯明星论坛报》上有一则启事，他把报纸拿给我看：

肯、大卫和丹·克莱因在1951年11月10日失踪。我们仍在等你们的消息……妈妈和爸爸。（启事最后留了两个电话号码。）

我们和这对夫妇约好了时间，开车前往明尼苏达州的蒙蒂塞洛探访他们,听他们讲述这个家曾经发生的事情。[2]

这对夫妇有四个儿子。1951年,三个儿子(年龄在四岁到六岁之间)在家附近的一个游乐场玩耍时失踪了。(当时第四个孩子的鞋带开了,他停下来系鞋带,等他走到公园时,发现兄弟们都不见了。)后来,警方在密西西比河里发现了两个孩子的羊毛帽。孩子们失踪后,在最痛苦的那个星期,贝蒂和肯尼·克莱因无法接受现实,希望这只是一场噩梦,很快就能从梦中醒来。贝蒂详细地描述了当时的情景:"每当有一辆车慢慢驶过时,或者在夜里听到砰的一声关门的声音时,我们都会以为是孩子们回家了……真的太痛苦了……你无法想象我们流了多少眼泪……我常常坐在后院的台阶上哭,我的心已经碎了……不知你有没有过这种体会,我是真的心碎了。"

四十多年过去了,克莱因夫妇仍然没有放弃希望,还在登启事寻找失踪的儿子们,希望他们能回家。有些心理治疗师可能会称之为"幻觉构建",并鼓励这种自我保护的行为。以乐观的心态判断成功的概率(比如找到失踪亲人的机会），并不会带来负面影响，只会让一个家庭更好地适应丧失。[3]实际上，克莱因一家一直觉得还有希望，可能并不是幻觉。1996年10月10日，据《明尼阿波利斯明星论坛报》的记者道格·格罗报道，一名来自亚利桑那州的卡车司机打来电话说，他就是克莱因家失踪的儿子之一大卫。这个人对克莱因夫妇说了一些只有家人才知道的事，还说转年夏天会去看望他们。克莱因夫妇又重新燃起了希望，可他始终没有出现。唯一留下来的儿子告诉记者："那段时间我们所有人都情绪激动，充满希望，可结果令人失望，以后我们再也不会那么激动了。"

大多数人都不会轻易放弃一段关系，而是倾向于维系关系。一旦彼此之间产生依恋，就很难放手。因此，当亲人失踪时，人们的第一反应就是否认事实。这是完全可以理解的。克莱因夫妇和许多有亲人失踪的家庭一样，偶尔出现的报道和目击者的消息都会给他们带来希望。在我看来，克莱因夫妇表现出来的并不是下意识的否认，而是充满希望的乐观态度。

家中有亲人患了绝症，家属通常也会怀抱希望，以此来抵御痛苦。我曾经读过一位癌症晚期女性的自传。作者说，她的女儿一直否认母亲病情的严重性。作者记录了和女儿的一次对话，在那之前，女儿抗拒接受母亲即将离世的事实。她们的对话充分说明，让一个人放弃希望有多难。

"我可能快死了，你做好心理准备了吗？"我问女儿，"和以前比，是不是现在更能接受一些了？"她呆坐在那里。我生病这些年，女儿已经从16岁长到了20岁……"准备，"她说，"这个词太冷酷，不如说我在慢慢适应。"我们都哭了。[4]

女儿从完全否认变为勉强接受现实，这是正常的哀悼的过程。只有在模糊性减弱时，人们才能开始哀悼。在这个例子中，母亲帮助女儿明确了她要面临的情况，同时也明确了自己即将离世的事实。模糊的状态变得明确之后，女儿就不会再那么强烈地否认，而是寄希望于更现实的目标。女儿不再希望母亲康复，只希望她能没有痛苦地离去。

第五章　跌宕起伏的心情

但是有时候，我们根本来不及慢慢放手。我姐姐埃莉喜欢穿颜色鲜艳的衣服，喷气味浓烈的香水，戴硕大的珠宝。她比我大两岁，刚上学的时候，如果有同学欺负我，她就会站出来与他们对峙。我们一家人住在农场的一个小房子里，十八年来我一直和姐姐共用一间卧室，直到她高中毕业去了师范大学。那时，每到夜深人静，姐姐睡着以后，我就会听芝加哥的广播，想象着自己搬到大城市的情景。埃莉从不向往大城市，她在威斯康星州住了一辈子。她大学毕业后去了当地一所中学当老师，离我们家不太远。她带过好多届学生，大家都非常尊敬她。她逃离小镇的唯一方式就是每年夏天带队去欧洲旅行，这是她为自己的生活找到的美妙出口。

而我的出口就没那么美妙了。我离了婚，从原来的家搬了出去。但无论身在何方，我和埃莉每周都会通电话，假期时会偶尔相聚。在怀孕、分娩和育儿期间，我们互相照顾，她的孩子和我的孩子经常聚在一起。我们渐渐组成了一个大家庭，轮流照顾彼此的孩子。我一直以为我们会相伴到老。

模糊的丧失

我最后一次给姐姐打电话是在罗马,当时我正在那里参加一个家庭治疗方面的会议。女儿打电话告诉我埃莉生病了,不过不用太担心。我还是给姐姐打了电话。"听说你得了肺炎住院了,现在怎么样了?"电话那头一阵沉默。"我得的是肺癌。"姐姐平静地说。我呆住了,一时间无法呼吸。"哦,不!"我不能接受,"这不可能。你不抽烟,也没生过什么大病。一个月前我们还在落基山徒步,你走得比我还快呢!"埃莉仍然沉默着。最后她坚决地说:"我会战胜这个病的。"我仿佛又看到了希望:"我马上就回家,我们周日见。"

五个星期后,我们安葬了姐姐。她穿着鲜艳的红裙子,戴着闪亮的珠宝。

埃莉病重后,不到六周的时间里,我们全家人都在痛苦中煎熬,心情不断地大起大落。前一天她刚有所好转,转天就呼吸困难。医生刚说完化疗起作用了,紧接着又说癌细胞已扩散到心内膜。后来又从检验室传来一些好消息,说她的血氧含量升高了。然而,在一个秋天的下午,姐姐坐

第五章 跌宕起伏的心情

在椅子上看《奥普拉脱口秀》时去世了。她生病后，我们一直都在否认她的病情的严重性，所以我们没能和她好好告别。

如果否认能帮助家人保持乐观的心态，那么它是有益的；但如果否认让人抗拒接受现实或者失去力量，那么它就是有害的——在这种情况下，人们会出现两种截然相反的反应，而这两种反应都会带来麻烦。其中一种极端反应是，人们否认失去，否认遇到困难，就当一切都没有改变。一个准新娘的母亲患了肾病，已经到了终末期，但她坚称母亲根本不像是生病的样子，还能亲手缝制六件伴娘礼服和她的新娘礼服。一个男人的七十多岁的父亲是阿尔茨海默病患者，他却说："我父亲只是有点健忘，没理由不让他开车。"一个五年前被丈夫抛弃的女人说："他总有一天会回心转意，回到我身边。"由于种种原因，这些人否认出了问题，不愿意直面真相，下意识地选择维持现状来保护自己：一切都没有变，一切都是老样子。

另一种极端反应是，与亲人断联，就当他们不存在。有些

模糊的丧失

家属不愿去探望患有艾滋病或癌症的家人，也不愿与他们有任何接触，就当他们已经死了。有些人把精神分裂症患者或酗酒的儿子赶出家门，任由其自生自灭。父亲患了阿尔茨海默病的男人说："我把他当成一件家具，只要我不去碰他，就能相安无事。"被丈夫抛弃的女人告诉孩子们："你们的父亲已经死了。"这些做法都很极端，但能让他们获得安慰。和活着的亲人断绝关系，就能免受失去亲人的痛苦，可是，现在不好好珍惜短暂的相聚时光，以后回想起来一定会觉得遗憾。而离婚后和前任断绝来往，子女和孙辈就享受不到完整的爱。

不过，短时间内的极端反应不一定会带来什么坏处。就像创伤性休克对身体有保护作用一样，否认也能让人从潜在的丧失造成的心理折磨中暂时解脱出来。丧失是模糊的、不确定的，必定会给人带来痛苦，而否认是减轻痛苦的一种方式。但如果否认走向了极端，阻碍了家庭成员做出改变，让他们无法继续生活，这样的否认就是有害的。此外，如果只是否认，而不去积极地想办法适应模糊的丧失（通常是通过改变家庭仪式来适应），这也是有问题的。

第五章　跌宕起伏的心情

史密斯一家在接受心理治疗时，生气地抱怨说，每周日晚上全家都会聚餐，可自从父亲得了帕金森病以后，每次做拿手美食的时候，他都把厨房弄得一团糟，食物也搞得乱七八糟。首先，他们要打破否认的心理机制，接受父亲患了帕金森病的事实，虽然父亲和以前不一样了，但他仍然和大家在一起。接受事实之后，他们就能重新安排周日的晚餐仪式（对大家来说非常重要）。现在，全家人（包括父亲）一起设计了新的周日晚餐食谱——爆米花和苹果，要求没那么高，适合父亲操作。希望仍在，他们并非失去了一切。

史密斯一家和克莱因夫妇这样的人，也许是我们最好的老师，让我们看到如何以坚韧的态度应对不确定性。他们并不否认丧失，同时仍在努力追求和期待积极的结果。他们可能会产生两种矛盾的想法，比如克莱因夫妇，既觉得孩子们有可能还活着，同时又承认孩子们已经不在人世。克莱因夫人说，孩子们失踪以后，她把注意力转移到身边的孩子和未来即将出生的孩子身上。她所说的这种应对不确定性的方式，学术界称之为辩证思维，有些人称之为"中西部实用主义"。

> 我们知道唯一留下来的儿子需要我们……当时我还怀有身孕,马上要出生的宝宝也需要我们,所以我们不得不坚强起来,放下伤痛,继续生活。这并不意味着你要忘记失踪的孩子们……只是意味着,你要活好当下。[5]

三个小男孩失踪至今[1]已经有四十七年了,但他们仍在坚持寻找。尽管找到的可能性很小,他们还是怀抱着一丝希望:至少有一个儿子现在可能还活着。不过,克莱因夫妇的希望并不是盲目的,而是有着现实的考量。克莱因夫人解释说:

> 我不知道自己是否做好了和他们(失踪的男孩们)见面的准备。你懂我的意思的。如果你走进一个房间,有人说"这是你的儿子",我恐怕还有点接受不

---

1 指本书英文版首次出版时间——1999年。——编者注

第五章 跌宕起伏的心情

了……虽然概率很小，但这样的事情有可能发生。如果真有这么一天（笑），我想我可能会说："嗯，我需要证据。"我觉得最保险的方法是验血，这几乎错不了。[6]

克莱因夫妇在坚持与放手之间找到了平衡，但也有许多经历不确定的丧失的人无法适应新局面。层层递进的丧失往往最难承受，比如家庭成员的健康状况不断恶化——这种丧失经常会被忽视，因为在日常生活中，早期的丧失迹象并不明显：患有阿尔茨海默病的丈夫丢东西的频率越来越高，走路时跌跌撞撞，总是忘记说过的话或者重复刚刚说过的话；有的夫妻之间关系越来越冷淡，其中一方回家越来越晚或者干脆不回家，夫妻俩渐渐地不再互相交流，不再一起庆祝节日和生日，也不再有亲密接触，最终两个人分居，断绝来往，这段关系宣告结束。

绝对化思维是要付出巨大代价的。在面对模糊的丧失时，无论是迅速切断与亲人的关系，还是当作什么都没有改变，这两种极端做法都不会减轻痛苦，而只会增加痛苦。

模糊的丧失

如果家庭成员想法不统一，每个人都会感到被否定，被孤立。我见过一些人特别抗拒接受家庭状况的改变，以至于无法正常生活。有个正处于叛逆期的少年对我说："我父母很多年前就离婚了，但妈妈好像还期待着爸爸能回来。她没有朋友，更糟糕的是，她无论做什么决定都要给爸爸打电话，问他该怎么做，然后他们就会大吵一架。她挂了电话后还会哭着问我该怎么办，我能说什么呢？她就是不愿意面对爸爸已经离开她的事实。"

在病人（及其家属）特别需要支持的时候，如果有一个或多个家人一直否认病情，就会影响对病人的护理和照顾。安德森一家就是这样。[7]两代人一起接受了我的研究助理的访谈（我在摄像机后面观察）。安德森夫妇住在自己家里；女儿贝丝家距离他们家大约一英里，平时会开车过来看望他们；儿子戴夫在读研究生，刚刚离婚，现在住在父母家里；另外两个成年子女，玛丽和比尔所在的城市离这里比较远，很少回家。对于父亲是否得了阿尔茨海默病以及该如何应对，四个人各持己见。

整个访谈过程中,这家人冲突不断。母亲和贝丝都认为父亲患有阿尔茨海默病,而戴夫却认为她们夸大事实,父亲只是年纪大了。尽管医生的诊断结果是有阿尔茨海默病的可能,但戴夫拒绝接受,他认为父亲没有任何问题,其他人都是反应过度。他说:"爸爸一直都很健忘。我不希望你们拿他当小孩子一样,应该让他多用脑,不能什么事都替他想着,过度爱护他。"贝丝反驳说,自从戴夫搬回家后,母亲的工作量增加了很多,"你才是那个被过度爱护的人"。

病人被带出房间后,其他人继续讨论,冲突愈演愈烈。母亲指责戴夫一直否认父亲患病的事实,她和女儿都很生气,因为戴夫根本不帮忙照顾父亲。而戴夫对她们过度爱护父亲感到不满。贝丝试图让弟弟意识到,父亲跟过去不一样了。气氛变得越来越紧张。她告诉戴夫,父亲前几天穿了两只不一样的鞋,一只网球鞋,一只皮鞋。她说:"父亲以前是非常注重仪表的。"安德森夫人不耐烦地提高了嗓门说:"面对现实吧,孩子,这是一个长期存在的问题,我们必须接受现实。"戴夫反驳说:"我不想接受。如果真的有问题,那就去解决,不能说他生了病就放弃努力,要带他去梅奥诊所,让他多运动,要改善他的饮食。你们以为现在这样是在帮他,其实只是让他变得更脆弱。"

一家人还在继续高声争吵,但气氛突然变了。戴夫终于平心静气地承认:"其实我知道他得了'这个病'。"但是他认为也许能找到治愈的方法,不应该这么早就放弃努力。弟弟做出让步后,贝丝的态度也有所缓和,她告诉戴夫,大家都很需要他:"不是让爸爸变得更脆弱,而是让他更好地和我们在一起。"戴夫也平静下来,他的声音有些颤抖:"看到爸爸变成这样,真的很难受……"贝丝想打断他,被采访者制止了。戴夫沉默了一会儿,说:"我知道有些事不太对劲。"

过了一会儿,贝丝说:"怎么以前从来没听你说过?""嗯,很明显,有些事不太对劲。"戴夫捂着脸抽泣起来,"我想说的是……你们觉得我应该怎么做呢?放弃学业,回家给他换尿布吗?"贝丝说:"我们不是这个意思。"戴夫说:"我要想办法帮他康复,这样我们就不用改变现有的生活

第五章 跌宕起伏的心情

方式,一切都不用改变。我只是不喜欢现在这样……为什么我们不能像以前一样生活呢?"贝丝有点不耐烦,厉声说道:"有些事已经不一样了。"

通过家庭讨论,我们可以看到什么是极端的否认,同时也能看到,当全家人共同面对困境时会发生怎样的改变。戴夫否认父亲生病,而母亲和贝丝就当父亲已经完全失能,甚至不再让他表达自己的意见。玛丽和比尔则躲得远远的,以逃避痛苦。全家人对于如何应对父亲的疾病意见不统一,在艰难时期,这个家庭失去了凝聚力,无法发挥家庭的作用。

采访者对戴夫说:"你一直在努力维持现状,不希望有变化。"然后又对安德森夫人和贝丝说:"你们一直在努力应对现在的局面,付出很多心血,最后选择放手。"采访者对不同的观点都能给予理解和共情,一家人终于平静下来,不再争吵。现在是结束采访的好时机,可就在此时,戴夫转向采访者,低声问道:"情况是不是……是不是会变得越来越糟?"

模糊的丧失

现在，一家人对阿尔茨海默病造成的丧失达成了共识，并且开始理解这对每个家庭成员来说意味着什么。他们都表现出愿意倾听和接纳的态度，旧有的观念正在发生改变。[8]

我在帮那些长期承受模糊的丧失的家庭做治疗时，第一步就是给他们提供一个能够坐在一起交流的空间。在传统心理学中，这种做法被称为"提供安全的抱持性环境"[1]。此外，我会帮助家庭成员尽可能多地了解与丧失有关的信息，这样他们就不会再继续否认，而是做出理性的选择和决策。对于大多数夫妻和家庭来说，这种治疗方法（通常被称为"家庭式心理教育治疗"）有助于打破僵局。

使用这种治疗方法的前提是家庭成员的认知水平高，内心强大。在我看来，大多数家庭（尽管并非全部）的应对能力都比治疗师以为的要强。所以，我们必须先询问每位家庭成员，家庭内部发生了什么，在夫妻关系或家庭关系中

---

1 抱持性环境是英国精神分析学家唐纳德·温尼科特提出的一个概念，指的是在个体成长过程中为其提供的一种充满爱与支持的环境。——编者注

第五章 跌宕起伏的心情

是否有缺位的现象，是否有不确定的丧失，这对每个人来说都意味着什么。一旦家庭成员认识到模糊的丧失，对此有了清晰的概念，并且能意识到，他们无法继续前行并非自身的过错，他们就不会再把否认作为应对机制，而是更有能力做出重要的决策。他们会重新掌控自己的生活，轻装前行。

最后，值得注意的是，我们既不需要回避否认，也不应该提倡否认。它是一种复杂的反应，可能有益，也可能有害。我逐渐认识到，无须借助分析或治疗，普通人也可以清楚地意识到自己的反应，并且能够评估这些反应是健康的还是有破坏性的。如果要与模糊的丧失长期共存，做到这一点就至关重要。家庭治疗师要做的不是给否认贴上病态的标签，而是帮助来访者获取与自身情况有关的信息（无论是慢性疾病还是其他丧失），以此应对情绪起伏，度过低谷期。只有将乐观主义和现实主义相结合，人们才能在模糊的丧失中继续前行，不过他们最需要的还是来自社区和专业团体的理解和支持。

Chapter 6

第六章　　　　家 庭 假 设

如果没有完美的解决方案,我们必须敢于冒险尝试当下最好的方案。要知道,只要我们还活着,就要永无休止地进行修正。丧失是复杂的,看似无望且无法解决,但我们永远不会失去改变的力量。

赫勒尔德，我不知道你是否还会回来……我等了五年，直到有一天早上醒来，我在心里认定你已经死了。即使你没有死，对我来说你也死了。我不会再带着你一起生活。所以，我在心里杀了你，我埋葬了你，我为你哀悼，然后整理残存的一切，继续过没有你的日子。

——奥古斯特·威尔逊，

《乔·特纳的来与去》

(*Joe Turner's Come and Gone*)

面对令人痛苦的丧失，家属不能一直否认，情况已经发生

第六章　家庭假设

了变化。最终，迫于来自亲戚、朋友或周围环境的压力，家属要对亲人的状况做个确认。他们会根据现有的信息，对结果做出预测。在越南战争中失踪二十五年的儿子和兄弟有可能重返家乡吗？被诊断出患有癌症并且无法手术的父亲会很快死去吗？对于被领养的孩子来说，与亲生父母团聚会是一件好事吗？失踪的父亲还会回来吗？我把这些问题称为"家庭假设"。

对这些问题做出判断是有风险的。如果家人假设父亲会很快死去，在做未来的生活规划时，就不会考虑到父亲。当父亲病情缓解并且有希望活下来时，家人又要重新做出规划，把父亲加入进来。即使最终结果是好的，像这样反复调整（把某个家庭成员加进来，然后再排除他，之后又重新加进来）也会给人带来很大压力。如果家人假设父亲能康复，不做任何应对丧失或者变化的准备，可是父亲最终去世了，家人还是要做出调整，接受现实。尽管任何决定都会存在不确定性，但家人还是应该对丧失做出有根据的预测，而不是让自己一直处于不确定的状态。要摆脱模糊的丧失带来的精神折磨，家庭假设是很好的方式。

模糊的丧失

有时候，家庭假设会带来意外的收获。五年来，伦德夫人每天都会去疗养院探望丈夫。丈夫年轻时从马上摔下来，撞到了头，一直昏迷不醒，住在疗养院里。尽管医生认为她丈夫醒来的希望极其渺茫，伦德夫人还是不想放弃。她对丈夫说："你如果能听到我的声音，就捏一下我的手。"每天她都会给丈夫讲孩子的事和家中的琐事，她的坚持终于得到回报，有一天，丈夫捏了一下她的手。从那天开始，丈夫逐渐恢复正常，现在已经出院回家了。

但是，并不是所有的家庭假设都能迎来这样的结果，也不是所有人都这么有毅力和决心，能够耐心坚持如此之久。报纸和杂志上刊登的康复故事几乎都是奇迹，给一些人带来了虚无缥缈的希望，让他们不想适应新的局面，只期待着一切恢复原状。伦德夫人的锲而不舍得到了出人意料的回报，但大部分关于模糊的丧失的故事都没有这么圆满的结局。

有时候，某些家庭会做出错误的决定，其他家庭害怕重蹈覆辙，因而不愿冒任何风险。马特奥·萨博格是一名在战争中失踪的士兵，家人多年寻找无果，于是决定放弃，当他已经死亡。他们向政府申请把萨伯格的身份从MIA（战争中失踪人员）改为PKIA（假定阵亡人员）。于是，在越南战争纪念碑上，他的名字前面被加上了一个十字架，表示他已经去世。但二十六年后，萨伯格来到佐治亚州的社会安全局，办理申请福利的业务。原来，1970年越南战争结束后，他没有回佐治亚州的家，而是去了加利福尼亚州。有人发现他在流浪，就收留了他，他在那里生活了二十六年。遗憾的是，在越南战争纪念碑上，他的名字前面的十字架还在，但官方记录已经做了更正，标明他"被找到了"。[1] 尽管其他失踪士兵的家人知道他们回来的可能性微乎其微，但这样的故事还是给了家人希望。

有时候，病人家属会怀疑自己是否做出了正确的决定，特别是家人的疾病拖了很长时间，或者等待某个结果的时间过长的时候。在得克萨斯州，一个男人的妻子患了阿尔茨海默病，已到晚期，除了吞咽食物困难，她还患有肺炎。男人并不想就这样放手。两个女儿都已成年，在她们的帮助下，男人决定留在家里照顾妻子。[2] 他坦言："我很难过,让女儿们牺牲了自己的生活,如果不是因为家里这个情况,大女儿现在应该已经结婚了。"他的小女儿从大学退学,回家照顾母亲,一直没有交男朋友。她既担心母亲,也担心父亲:"我怕他走不出来,找不到活下去的理由。"他们的家庭假设是,两个女儿为了照顾父母,把自己的事情暂时搁置,她们很可能因此错过人生的重要时点。如果有一天女儿们不需要再照顾母亲了,父亲希望她们能重新适应并恢复正常的社交生活,可他还是对未来充满担忧。

对于未来的预测过于乐观或者过于悲观,都是有风险的。但如果出现好结果的可能性很大,还是应该鼓励家属怀抱希望,假设丧失是可以挽回的。1980年,治疗师们对战俘和失踪人员的家属做了访谈,并根据访谈获得的信息,为伊朗人质事件中的受害者家属制订了治疗方案。[3] 当时人们普遍认为人质会被释放,从伊朗安全返回,所以治疗师建议家属假设亲人能回来——为他们买生日礼物和节日礼物,把所有的家庭庆祝活动录下来,这样当人质回家时,就能顺利地融入家庭生活。通过假设亲人还在,家人

第六章 家庭假设

象征性地拓宽了家庭的边界，最大限度地减少了丧失。这个假设是成功的。1981年1月20日，在德黑兰被扣押四百四十四天后，所有美国人质都平安回家了。[4]

如果某种疾病治愈的可能性很小，比如阿尔茨海默病、癌症晚期、亨廷顿病、艾滋病晚期，那么任何极端的假设都是不可取的，比如认为无药可救，丧失已成定局，或者就当什么事都没发生。面对这种情况，逐步放手是最健康的做法。亲人失踪是永远的丧失，可生病的人还活着，作为家人，要意识到这两者的区别。无论是病人还是家属，在最后告别的日子来临前，都要尽可能多地互相陪伴，珍惜在一起的时光，这样大家都能从中获益。

如果父母是早发型阿尔茨海默病或其他遗传性疾病患者，子女就会担心自己被遗传。有个飞行员在四十岁时得了阿尔茨海默病，他的小儿子说："我得这个病的概率非常高，所以我一直在纠结。我要不要组建家庭？我能让未来的妻子面临我母亲那样的处境吗？我能要孩子吗？我到底该不该结婚？"他的表妹还很年轻，为了照顾母亲，从大学退学了。表妹比他乐观,她说:"我只想抓住眼前的一切。可是将来如果我真的爱上了一个人呢?我无法想象要放弃个人感情。"[5]

还有一些人,痛苦已经令他们无法正常生活,就更不可能愿意冒险。飞行员的另一个儿子也过得很艰难,他的母亲说:"他根本无法应对,哪怕只是说起保险和生前遗嘱,都让他心烦意乱。看到姑姑的样子,他心里明白,将来他父亲也会变成那样,也许他和弟弟、表兄弟姐妹都会得同样的病。想到这些,他就非常难过。"看着还能进食和行走的父亲,儿子对表妹说:"我不能待在这了,我不想看到他病情加重,像你妈妈那样,我会非常伤心的。我和爸爸感情很深,看着他的样子,我心都碎了。我真的受不了。"[6]请注意,儿子说话的时态有些混乱,既有过去时,又有现在时。这种现象很常见,说明他对亲人的状态感到困惑——亲人虽然活着,但仿佛有一部分已经离他而去。

在这样的情况下,家庭假设也会影响到负责诊治病人的医护团队。晚期阿尔茨海默病患者韦斯再度感染肺炎,医生不建议过度治疗，家属非常愤怒。韦斯的妻子说："医生就是这样，他们觉得没救了，就不想再花时间，可对我们来说，那是亲人的生命啊。"有些家属即使知道患者的病情已到晚期，仍然坚持要求医生治疗，维持患者的生命，因为他们还没有准备好告别。韦斯的妻子表达了她的痛苦心情："我很生气，因为我们什么都做不了。医生根本不在乎这些，他们觉得没希望，就放弃了。"[7] 她依偎在生病的丈夫身边，这让她感到稍许安慰。她知道自己很快就要为丈夫做出生死抉择，这个男人仍然是她的丈夫，但不再是她当初嫁的男人。

对于"失踪"的亲人（或者是人失踪，或者是丧失意识），家人逐渐放手的过程更为艰难。韦斯的妻子知道，是否要维持丈夫的生命，只能由她来决定，而不是医护人员。失踪士兵的妻子也是如此，没有人能明确告知她们的丈夫是生是死，只能自己做出判断。妻子向政府申请，将丈夫的身份由"战争中失踪人员"改为"假定阵亡人员"，这样做有一定的风险，因为丈夫很有可能还活着，也许突然有一天出人意料地回到家中。妻子做出这个决定，想必是非

模糊的丧失

常艰难的,就像阿尔茨海默病患者的家属决定不再采取任何抢救措施来维持亲人的生命一样,两者的感受很相似。

社会学家欧文·戈夫曼(Erving Goffman)曾经在一本书中写道:像死亡这样的事件,应该由家庭之外的人(比如验尸官)来负责确认,而不是家属。[8]但戈夫曼没有考虑到那些面临模糊的丧失的家庭的困境,越来越多的家庭被要求做出生死攸关的决定。对许多人来说,做这样的决定简直不可想象。而对另一些人来说,为了继续生活下去,他们只能承担风险。

* * *

还有一种更微妙的家庭假设,经常发生在转型时期。孩子长大了,离开父母的家,他们在家中的身份开始变得模糊不清。在这种情况下,父母最好的做法是将孩子的状态界定在"在"与"不在"之间。有位父亲就是这样做的,他的儿子去外地上大学后又回到了家里。

第六章 家庭假设

自从9月开学以来，我们家一直处于模糊的状态。儿子已经离开家了，可我们总觉得他还是家里的一分子，什么事都会考虑到他。等我们适应了他不在家的状态以后，他又要回来了。我们已经准备好迎接变化——吃饭的开销会减少，电话费会增加，感恩节的时候餐桌旁会少一个人，圣诞节的时候会怀着激动的心情欢迎儿子回家。我们为还没有发生的事做好了准备，同时又在努力适应已经发生的事，并且试图弄清楚如何调整规则和期望。旧规则不再适用，而新规则只在短时间内有效。晚上几点以后不能外出？他能自己买衣服吗？家务该怎么分工？他不再是中学生，但又不是租客。他是延期到校，还是要在家多待一段时间？我们和他都不确定。有人问："你儿子怎么样了？"他们以为他在别的地方，"你们想他吗？""现在还不想。"我们回答。[9]

在这样的时点，就当那个年轻人已经彻底离开家，显然不符合实际；还当一切和他上中学时一样，没有任何变化，也是不行的。这两种做法都太绝对了。他的新状态应

模糊的丧失

该是介于两者之间：仍是家庭一员，但状态发生了变化，需要建立新的规则，重新定义身份。对于儿子状态的不确定性，父亲采取了一种很幽默的应对方式，这种方式没有问题。

最艰难的家庭假设并不是定义孩子的状态，而是在心理上对他们放手。我们不知道究竟如何放手以及何时该放手。如果我们抓得太紧，孩子就会像蝴蝶一样被捏得粉碎。我们的内心充满矛盾：既希望孩子独立，又希望他们永远留在自己身边。要在紧紧抓住和放手之间找到微妙的平衡，做到这一点是很困难的，但能让家庭关系变得更加健康。我们来看看艾琳的故事。

艾琳患有抑郁症，精神科医生推荐她和丈夫弗雷德一起来找我做婚姻和家庭治疗。我们讨论了他们的婚姻和家庭生活，艾琳告诉我，她最担心的是自己不再是个好母亲。听她这么说，弗雷德有点不安，叹了口气，在椅子上挪动了一下身子。我问到孩子们的情况，他们说二十二岁的儿子和二十岁的女儿还住在家里。艾琳说："不管我为他们做什么，他们都要抱怨，比如做饭、洗衣服这些事。就在昨天，我女儿对我大发雷霆，因为我熨错了她的衬衫。以前我为他们做这些事，他们都很开心，可现在，我怎么做都是错。"

几次面谈之后，艾琳第一次尝试着做出改变。全家人都在家的时候，她让已经成年的孩子们自己洗衣服、熨衣服。她还说她很愿意给他们做饭，做四个人的饭也并不比做两个人的饭麻烦，可是如果他们不喜欢吃她做的饭，那就自己做或者出去吃，不要抱怨她。

正如她所担心的，孩子们对她突然变得这么独立有些无所适从，但当孩子们逐渐适应之后，对她的不满变成了佩服，觉得她不再是过去那个逆来顺受的可怜虫。随着时间的推移，这个家庭的状态和夫妻之间的关系都发生了变化。孩子们现在仍然住在家里，但是开始学着自己照顾自己。艾琳和弗雷德之前各忙各的，一个忙于工作，一个忙于照顾孩子，感情逐渐变得冷淡，现在夫妻俩也开始努力重建婚姻关系。孩子们在家的时候，艾琳以新的方式和他们相处，抑郁情绪逐渐缓解。

在传统家庭关系中，有很多母亲不敢像艾琳这样做出改变。人们认为母亲应该照顾孩子，但又没人告诉她们何时该放手，何时可以调整做法。孩子在家的时候，母亲总是会担心，如果自己没有满足孩子的需求，就是不称职。我们的社会文化常常强化这种焦虑。艾琳大胆地改变了亲子关系，从无微不至地照顾孩子变为让孩子独立，与孩子平等相处。她并不是不再爱孩子了，只是坚持让已经成年的孩子学习自立。艾琳的假设是，她这样做，孩子们仍然会爱她，不是因为她的照顾，而是因为她的陪伴。好消息是，艾琳的假设成功了，孩子们确实和她更亲近了——这与是否给他们洗衣服无关。艾琳和弗雷德有了更多的相处时间，又重新拾起了过去的娱乐活动，一起去钓鱼、跳舞和旅行。

对于勇敢地迈出第一步的人来说，做出改变关系的决定充满了风险。改变关系首先需要个人有动力，然后要把新的模式付诸实践，不仅是在治疗中，而且还要在家中、在现实生活中与最亲近的人一起实践。改变是循序渐进的，前进两步又后退一步是很正常的。我们的目标是坦然接受不完美的解决方案。家庭成员的状态永远都不会特别清晰，如果我们能接受变化，就可以学会与模糊性共存。

能够成功应对变化的家庭，往往都有愿意妥协的态度。在面对不确定的丧失时，家庭成员不会一味地坚持自己喜欢的解决方案，而是能够倾听并尊重家人的意见。他们决心共同解决问题，而不是互相攻击。就像艾琳和弗雷德一样，他们并不想要阿兰·瓦兹（Alan Watts）所说的那种"已知的痛苦带来的安全感"，他们对现状不满，通过走出家门，打破孤立的状态，与家人和朋友互动、交流、争论、妥协来寻求改变。正如乔治·赫伯特·米德所说，他人的姿态充当了镜子的作用，我们从中可以看到并衡量自身。如果我们想要改变家庭内部的看法，就要把他人当成镜子。[10]通过他人的反应——表情、语言、情绪和触摸，我们共同构建新的现实。在与他人接触之后，即使是深深沉浸在丧失的痛苦中并抗拒改变的家庭成员，也会更有意愿调整与生病的伴侣或父母（或者离家的孩子）之间的相处模式。模糊的丧失会让人变得孤立，打破孤立是开启健康改变之路的第一步。

就像所有有机生命一样，家庭在持续不断地发生变化。我们不是非要找到正确答案，事实上，面对模糊的丧失，可能根本就没有答案可寻。如果没有完美的解决方案，我们必须敢于冒险尝试当下最好的方案。要知道，只要我们还活着，就要永无休止地进行修正。丧失是复杂的，看似无望且无法解决，但我们永远不会失去改变的力量。

治疗师和医生都无法指导人们应对部分性的丧失，而社区、邻居、宗教团体和原生家庭能做到这一点。一个家庭往往由不同背景的人组成，大家对于如何假设以及何时做出假设会有不同的看法。夫妻之间的一个标志性差异就是语言，比如 chance（机会）这个词在希伯来语中并不存在，如果你想表达"机会"的意思，就得用 hazard（危险）来表示。[11] 在意大利和墨西哥，destiny（命运）一词被大量使用。生活在明尼苏达州北部和魁北克的北美印第安女性，和我交谈时经常提到"与自然和谐相处"和"精神上的接纳"。她们从来没有"重大疾病"的说法。在她们看来，如果一个老人度过了充实的一生，晚年患阿尔茨海默病并不是一种失败，机能的衰退是生命的正常循环，应该接纳并庆祝。所以，她们并不需要做出假设。

然而，如果家人之间的文化观念是相互冲突的，就像大多数移民家庭那样，大家对于家庭的定义就会有分歧。在移民众多的国家，李的故事并不罕见。她是一位亚裔美国女性，正怀着第一个宝宝。西雅图的产科医生建议她服用叶酸、复合维生素，多吃含钙量高的食物。而她母亲每周都会从中国给她打电话，告诉她很多民间偏方，让她按偏方吃。李想要生一个健康的宝宝，她感到很纠结，不知该遵循传统还是听医生的建议。最后她决定二者兼顾，既尊重母亲的想法，也听从医生的建议。

宝宝出生后，李想要调整家中的庆祝仪式和习俗，她说这会让她感觉大家庭中的所有亲人都在她身边。当年她离开中国，加入美籍，本来想丢掉过去的习俗，但当她做了妈妈以后，她强烈地感受到家庭纽带的缺失。她说："这里

模糊的丧失

的书、童谣、摇篮曲感觉都不太对劲。"于是，她做了一些调整和融合，在小时候母亲给她唱过的歌、讲过的故事中，加入米老鼠和其他美国的标志性元素。随着孩子慢慢长大，她和丈夫在过中国的春节时，会把圣诞节的一些元素（比如圣诞树、火鸡和玩具）加入进来。对于由不同文化背景组成的美国家庭来说，这种融合是非常有必要的。

就像艾琳、约翰以及其他针对家庭问题做出假设的人一样，为了适应新的环境，李冒险改变了原有的传统观念。她并不想完全抛弃故乡的传统文化，但她也知道，孩子在美国长大，必须接受美国文化的熏陶。于是她做出了一个折中的决定，既保留母亲这边的家族传承，又融合一部分美国元素，这样就能让家人更和谐地相处。李能够把不同的观念很好地融合在一起，对于经历着模糊的丧失的人来说，这正是他们追求的目标。

Chapter 7

第 七 章 转 折 点

家庭成员之间需要互相交流丧失感，同时也需要休息，甚至偶尔逃离，这样才能有更充沛的精力承受长期的模糊的丧失。我们不应该因为休息而内疚。长时间地照顾亲人，如果不想变得抑郁，就必须学会自己照顾自己。

在希腊语中，crisis（危机）意味着转折点，模糊的丧失也是如此。大多数人在遭遇模糊的丧失后的某个时刻，心情会一下子跌入谷底，然后，突然之间，或者经过很长一段时间之后，他们对家人的看法会发生转变。或者是因为出现了新的情况，或者是某个家庭成员对现状感到不满，决定采取行动改变。[1]改变会打破家庭的规则和习惯，家中的每个人都会受到影响，但已经决定改变的人不会因此而停滞不前。随着矛盾心理和否认情绪的缓解，家庭成员逐渐接受了事实——模糊的丧失将会一直存在。于是他们开始分析自己的处境，做出决定并采取行动。这就是转折点。

第七章 转折点

在越南战争中，很多美国士兵失踪，他们的妻子决定不再听从军方的命令保持沉默，这就意味着转折点到来了。越南战争结束后，美国和越南在巴黎和谈，妻子们被告知，在此期间，不能提及丈夫失踪的事，这让她们感到非常无助和绝望。但还是有些人冒着风险在和谈期间举行抗议，并公开谈论失踪的士兵。对她们来说，哪怕这样做是违反规定的，有所行动也比坐以待毙要好。

模糊的丧失让我们感到无力，失去了掌控感。我们本来以为世界是公平、有序、可控的，可是现在信念被摧毁了。如果我们想要学会应对不确定性，就必须认识到，即使没有受到模糊性的干扰，大家对世界的看法也是不一样的。1989年，威廉·F.巴克利（William F. Buckley）对特蕾莎修女说："统计数据显示，现在人口过剩，真是让人担心。"特蕾莎修女说："一切都在上帝的掌握之中。"[2]巴克利咧嘴一笑，问道："你确定吗？"这两个人的对话展示了我们看待问题的两种截然相反的方式：巴克利相信人定胜天，而特蕾莎修女表现出来的是精神上的全盘接纳。要学习与模糊的丧失共处，这两种方式都至关重要。

模糊的丧失

如果想扭转局面，应对不确定的丧失，首先要克制自己对掌控一切的渴望。这听起来有点自相矛盾。想要重新获得掌控感，就要放弃寻找完美的解决方案。最重要的是要认识到，我们是因为模糊性而产生困惑，而不是因为做了什么或者没有做什么。当我们了解了无助感产生的根源后，就知道该如何应对了。我们会评估当下的情况，以新的视角看待家庭结构，重新定义与家庭成员的关系，调整家庭成员的角色、家庭规则和仪式。即使模糊性依然存在，我们也会感觉更有掌控力。

有位女士的丈夫是阿尔茨海默病晚期患者，她在接受研究员的访谈时显得心烦意乱。她说，丈夫总是想要和她过性生活，这让她感到很苦恼，因为他已经不认识她是谁了。几个月后她再次接受访谈时，情绪平静多了。我问她这段时间发生了什么变化。她说有一天她突然想到了解决办法。她走进卧室，摘下了结婚戒指，放进首饰盒。她说从那一刻起，她就知道该如何应对丈夫的行为了。她不再把他当作丈夫，而只是当作她爱的人并且愿意照顾的人。就像多年前她对孩子们做的那样，她给丈夫设定了界限，让

第七章 转折点

他搬到另外一个卧室单独居住。这样一来，病人和照护者的压力都减轻了。两年后，丈夫去世的那天，她打开首饰盒，把结婚戒指重新戴在了手上。她说："现在我是一个真正的寡妇了，而不是一直在等着成为寡妇。"

这位女士能清楚地意识到自己的模糊感——用她的话说，她"一直在等着成为寡妇"——说明她迎来了转折点，重新获得了掌控权。她知道自己失去了什么（她的丈夫），还拥有什么（她关心的人），因此她可以掌控局面。她主动做出改变，暂时变成单身，把自己的角色从妻子变为照护者。转变观念之后，她不再感到崩溃和无助。

在为那些有阿尔茨海默病患者或其他慢性精神疾病患者的家庭做治疗时，我发现促使个体改变的因素各不相同。对于习惯于掌控生活的人来说，如果能够对现状有清晰的了解，就会有所帮助。他们想要弄明白来龙去脉，在准备冒险做出改变之前，他们要了解那会是一种怎样的体验。但对其他人来说，只有实际体验过之后才能有所了解。他们认同家庭治疗师卡尔·惠特克所说的："你只有经历过某

模糊的丧失

件事之后，才能明白那是什么感觉。"我清楚地认识到，作为心理治疗师，如果不想引发来访者的抵触情绪（有时我们会觉得产生抵触情绪是来访者的问题），我们就要更敏锐地察觉到个体在情境理解方面的差异。

对有些人来说，掌控意味着控制内在的东西——观念、感受、情绪或记忆；而对另一些人来说，掌控意味着控制外在的东西——其他人、某种状况或环境。面对家人的"缺失"，大部分人都不知道该怎么做，所以正在经历这种痛苦的人（比如那位摘下结婚戒指的女士）必须自己寻找解决办法。内在的转变往往源自对外在的掌控。

* * *

家庭治疗师在帮助人们应对困惑并寻找转折点时，首先要做的就是让他们知道，他们所面临的是模糊的丧失。在临床实践中，我发现这样做让很多人如释重负，不仅是因为有人帮他们明确了自己的感受，让他们获得了安慰，还因为他们得知，并非只有自己在承受这种痛苦，有这样的感受也不是自身的过错。即使模糊性依然存在，他们的压力也是可控的，这让他们感到很安心。

然而，有些事情是必须改变的。我告诉来访者，对于模糊的丧失感到困惑是很正常的，但如果一直不能适应丧失，就会出问题。人们有可能会酗酒、暴饮暴食、睡得过多或睡眠不足，还有可能会变得性情暴躁，不顾一切地试图控制自己无法控制的局面。如果发现自己有适应不良的问题，就要寻找有效的方法来应对丧失。当他们明白自己为什么会陷入困境，而且知道这并不是自己的错时，往往会更愿意做出改变。一般情况下，我会建议召开家庭会议。[3]

家庭会议一般会进行四到六次。第一次会议时，我会把所有家庭成员召集到一个房间。理想的情况是男女老少都有，因为他们表达的观点各不相同但又非常重要。在外地的家庭成员可以通过电话会议参与进来。我希望在会议结束后，他们也能经常像这样开会。请注意，我在这里用的词是"会议"而不是"治疗"。我一直避免使用"治疗"

这个词，因为遭遇模糊的丧失，是现状出了问题，而不是这个家庭本身有问题。

我和来访者共同的目标是，让所有的家庭成员都能了解彼此对于模糊的丧失的理解，并确定他们是否能够在某种程度上达成共识。如果他们对某位家庭成员是否"缺失"的问题存在很大分歧，那么我在第一次面谈中的首要任务就是向他们证明，在一个家庭中出现模糊的丧失时，大家持有不同观点是很正常的。我会强调倾听和尊重彼此观点的重要性，这样大家才能在模糊的时期仍然保持紧密的关系。

在接下来的几次会议中，家庭成员坐在一起交谈时，总是会不可避免地出现冲突和分歧，经常会有人想要中止会议。我会鼓励他们继续下去，因为这是学习共同协商和解决问题的机会。人们不能孤军作战。亲人和朋友就像我们的镜子，从中可以看到自己的观点和行为。通过这样的讨论，每个人都会越来越清楚，哪些丧失已经无可挽回，哪些东西还没有失去。

健康的家庭成员聚在一起讨论，可以进行必要的信息交流，那生病的家庭成员怎么办呢？慢性疾病患者也会感到困惑和痛苦。很多绝症患者表示，他们知道自己正在走向生命的尽头，不知自己是否还会被重视，是否还是这个家庭的一员。他们也会因为自己不能好好陪伴家人而感到内疚和羞愧。

因此，我认为让患病的家庭成员参加会议是很重要的，哪怕只参加一两次。即使是阿尔茨海默病患者，也能感觉到家人对他们的态度，也需要表达自己的想法。有一位病人，家人（当着他的面）说他总是胡言乱语，他提出了抗议，并且告诉我们，他敢肯定妻子正打算和他离婚。他妻子说我们不应该听他的，因为他的脑子已经不清楚了，但事实上，她确实打算把他送到收容机构。

除了阿尔茨海默病，这个家庭还饱受成瘾问题的困扰。他们要通过这几次会议弄清楚，病人是否还被视为这个家庭的一员。结果表明，大家已经把病人排除在外了。孩子们都很忙，而他的妻子想要获得自由，这样就能继续赌博。

模糊的丧失

虽然还没有离婚，但他与家人的关系已经非常疏远。这位病人现在还活着，病情也没有加重，他去了收容机构，把那里当成了家，还会帮助其他病人。

在这几次会议中，我鼓励家庭成员尽可能多地收集信息——和他们遭遇的模糊的丧失有关的信息，包括专业文献中的，现在几乎每个家庭都有人能为其他家庭成员翻译专业信息。家里有病人，家属可以去图书馆查阅期刊，找专家会诊，并与其他有类似情况的家庭取得联系。有亲人失踪的家庭可以联系警方，上网搜索，聘请私人侦探，与其他有类似经历的家庭建群交流。如果家中有在战争中失踪的士兵，家人可以立纪念碑，参观博物馆和墓地或者重返战场。收集信息能够减轻模糊性带来的压力，当所有信息都收集完毕时，你还能获得一个重要信息——你已经竭尽所能。

对于参加会议的家庭成员来说，学会识别自己的情绪非常重要，如愤怒、痛苦、悲伤、羞愧、内疚、开心、轻松或恐惧。每个人都会受到原生家庭及社会规则的影响。我们从小就被告知,哪些情绪是被允许表达的以及该如何表达。有些人会祈祷,有些人会借酒浇愁,有些人会通过其他方式让自己平静下来,还有些人会向朋友或家人寻求安慰与支持,有些人会借助科技的力量,利用互联网获得信息和帮助。在家庭会议中,我会帮助每个人以非暴力的方式表达自己的感受,并且要求大家包容彼此之间的差异。

在我看来,最有效的方式就是体验。我会请家庭成员讲讲他们如何庆祝特殊节日,如何举行家庭仪式,讲讲自从遭遇模糊的丧失以来生活发生的变化,以及他们如何克服困难并走出困境。我会鼓励他们重温过去的照片、视频、纪念品、信件、日记以及其他与"缺失"的人有关的物品。通过这样的集体叙事,家庭成员能意识到自己丧失了什么,并为之哀悼。与此同时,他们也会更加清楚地意识到自己仍然拥有什么。在我们的对话中,有时会有惊人的发现,或者出现激烈的分歧,但大多数时候,在我的引导下,家庭成员们都能够解决问题。如果解决不了,我会问他们是否愿意换成更传统的家庭治疗,这样能解决一些特殊问题。那个选择把阿尔茨海默病患者排除在外的家庭没有接受我的建议，他们也不愿意治疗成瘾问题，因为他们非常惧怕改变，宁可选择把病人排除在外。

家庭会议是用来应对当下或未来的模糊的丧失的有力工具。我鼓励来访者把家庭会议作为今后生活的常态，因为随着各位家庭成员年龄的增长和健康状况的变化，必然会出现更多问题，比如家庭的分工、谁扮演什么角色、哪些规则需要改变以及如何维持或调整家庭仪式、如何安排庆祝活动等，需要大家共同讨论决定。随着时间的推移，任何家庭想要正常运转，长期和睦相处，都需要不断地重组和调整，再加上模糊的丧失带来的压力，这样做就更加有必要。

* * *

作为治疗师，我的职责是帮助大家应对未解决的伤痛，我从来不会说，应对不确定性，只有一种方法是正确的。在我看来，也许有些应对策略不妥当，在家庭成员看来却未必如此，特别是以他们的信仰、性别社会化[1]、代际角色[2]、文化价值观来看，这些策略并没有负面因素。如果你倾听他们的观点之后做出评判，他们就会抗拒改变。[4] 当然，如果他们的做法会给家庭成员带来危险，那我就必须进行干预。但我的主要任务还是倾听、指导、鼓励和提问。我会提醒自己在这个过程中不要阻碍大家集思广益，只有这样才能帮助他们迎来转折点。

在为有阿尔茨海默病患者的家庭做治疗时，我团队中的人会先提出一个问题，然后家庭成员就这个问题开始讨论，互相充当共鸣板和镜子。有时，我会邀请牧师、拉比、学校里的老师、邻居或朋友参加家庭会议，帮助我们了解家庭所在的社区对模糊的丧失的看法。有些家庭还会进一步扩大范围，与有类似经历的家庭会面，听听别人是如何学

---

1 性别社会化（socialization of gender）是指个体在社会中根据性别角色进行学习和适应的过程，涉及家庭、教育、媒体等多方面的影响，包括社会对男孩和女孩的不同期望及家长对孩子施加的不同的教育和行为规范。——编者注
2 代际角色是指不同世代在社会、家庭和职业中所扮演的角色和承担的责任。——编者注

习应对的。

在为那些刚开始面对模糊的丧失的家庭做治疗时,我会鼓励他们增加身体的接触以及多多与人互动,因为主动应对要比被动应对更有效。不过,被动应对也是疗愈过程中不可缺少的一部分。家庭成员之间需要互相交流丧失感,同时也需要休息,甚至偶尔逃离,这样才能有更充沛的精力承受长期的模糊的丧失。休息是至关重要的,我们不应该因为休息而内疚。长时间地照顾亲人,如果不想变得抑郁,就必须学会自己照顾自己。在这种情况下,我会建议家庭成员找点事情做,做什么都行,比如做做运动,或者积极地投入社交。

我还会鼓励身处逆境的家庭成员把幽默作为应对机制。幽默是很重要的适应反应[1],然而,有些人认为,在遭受痛苦的个体或家庭面前表现出幽默或戏谑的态度,是一种极不礼貌的行为。的确,模糊的丧失是悲惨的、具有灾难性

---

1 心理上的适应反应是指人体在面临某种客观事物时出现的一种心理状态和行为反应。——编者注

的，我们很难从中找到幽默的元素，但是幽默是作用强大的人际交往工具，它的治疗效果已经得到充分的验证。

大家聚在一起说说笑笑，哪怕只有几分钟，对健康也是有益的。在家庭会议中，人们常常会讲一些有趣的故事，说自己在面对模糊的丧失时，总是想快点和亲人断绝关系，或者否认出了任何问题。通过自嘲，他们缓解了所有家庭成员的压力。故事或许是悲伤的，应对过程也是痛苦的，但幽默的态度减轻了沉重感。如果能笑对自己解决问题的极端方式，那我们就能真正放松下来，找到更好的解决方案。

* * *

根据我对有阿尔茨海默病患者的家庭所做的研究，掌控感以及精神上的接纳对患者家属非常有帮助，能让他们与阿尔茨海默病带来的模糊的丧失长期共处。如果只追求掌控感而不懂得接纳，那就会表现出更多的焦虑和抑郁。我一直记得祖母索菲说过的话，从她写给父亲的信可以看出，她既有掌控力，同时在精神上又能全盘接纳。当她无法解决某个问题时,她说:"永远相信上帝。"她也曾用诗意的句子描述过掌控力:"学会营造家的温暖氛围,无论遇到什么威胁,都要昂首挺胸。"她应对生活的力量来自她的精神信仰和掌控感的结合,就像我在明尼苏达州采访的阿尼什纳比族女性一样——从她们那里我学到的是,如果你把患绝症看作生命的自然循环,而不是个人的失败,那么你的痛苦就会减轻。无论拥有什么样的文化背景和个人信仰,要应对不确定的丧失所带来的痛苦,秘诀就是避免让自己感到无助。要做到这一点,唯有努力改变我们能改变的,同时接纳我们无法改变的。

我想起以前看过的一部俄罗斯电影,讲述的是一位卧病在床的老妇人的故事。她全身瘫痪,只有一根手指能动,手指上系着一根绳子,绳子的另一端拴着一个能发出响亮声音的铃铛。她只要动一下手指,铃铛声就会响起,房子里的人都能听见。老妇人虽然失去了行动能力,却掌控着全家人的行动,大家都被这个铃铛紧紧拴住了。如果要和慢性疾病患者长期共同生活,就要在掌控和接纳之间找到平衡,只有这样,人们才能摆脱长期处于模糊状态所带来的痛苦。

第七章 转折点

Chapter 8

第八章　从模糊的丧失中寻找意义

人类就是这样，反复把巨石推上山坡。如果我们抱着乐观的态度去做，那就不是荒唐之举。

丧失本身并不是——不应该是，也不可能是——终结，它必有其意义。但寻找它的意义就像翻越一堵巨大的墙。它只是为了让我战胜它而存在吗？

——苏珊娜·塔玛罗（Susanna Tamaro），
《心指引的地方》

解决任何丧失的最后一步，也是最困难的一步，就是理解丧失。理解模糊的丧失要比理解普通的丧失更难，因为悲伤本身仍未解决。但如果我们无法理解模糊性，那么一切都不会真正好转，我们只能继续忍受。

第八章　从模糊的丧失中寻找意义

面对长期存在的模糊性，要一直怀抱希望，就必须付出不懈的努力。这不禁让人想起西西弗斯的故事。[1]西西弗斯触怒了诸神，诸神为了惩罚他，要求他把一块巨石推上山顶。由于那巨石太重了，还没推到山顶就又滚下山去，前功尽弃，他只能不断重复、永无止境地做这件事——诸神认为再也没有比这种无效无望的劳动更严厉的惩罚了。

这个故事充满悲剧色彩，因为西西弗斯很清楚，他没有成功的希望，他所面临的问题永远无法解决。这种无休止的无效劳动，正是经历模糊的丧失的人所面临的困境——他们是悉心照料丈夫、丈夫却早已不记得她是谁的老妇人，是寻找失踪孩子的母亲，是一直坚持向政府施压、要求他们继续搜寻的失踪士兵的姐姐，是夜以继日地照顾病重的艾滋病患者的家属。但是，与西西弗斯不同的是，这些承受着未解决的悲伤的人仍然怀抱希望。即使模糊性依然存在，家人的目标还是要找到方法去改变。这似乎是个悖论——要改变无可改变的局面。

许多人成功了。在我的研究和临床实践中，我发现很多人都能从模糊的丧失中看到一些希望。改变的不是局面，而是他们的希望。当疾病无法治愈时，人们会用有创意的方式在其他方面寻找希望，比如尽最大努力控制疾病的发展，帮助同样遭受痛苦的人，或者想方设法避免让他人遭受同样的痛苦。人们发挥了惊人的创造力，为看似悲惨的境遇注入希望。有些失踪儿童的父母游说立法者修改法律条款，以更好地保护儿童。他们还创建了国际计算机网络，把失踪儿童的照片实时传送到全国和全球各地。精神疾病和身体疾病患者的家属联合呼吁修改法律，并组建全国联盟，力图推动医护人员工作方式的变革，让政府加大投入重大疾病的科研资金。人们在自己能掌控的范围内做出改变，但并不都是为了改写个人丧失的悲剧，也是为了帮助未来有可能经历类似丧失的人。如果说遭遇模糊的丧失是这个世界不公平的体现，那么人们能做的就是尽力降低丧失给别人带来的风险，从而在一片混乱中找到意义。

根据我和其他人的研究以及临床观察，我发现有许多因素决定着一个家庭能否从模糊的丧失中找到意义。其中一个因素是原生家庭和早期的社会经历。家庭是我们最初了解丧失的规则、家庭成员各自扮演的角色和家庭仪式的地方。在为夫妻和家庭做治疗时，我会询问他们的家规是怎样的，他们是否被允许表达悲伤的情绪，照顾病人和临终护理的工作都是女性在做吗，是否要求男性必须性格坚忍，是否调整过家庭仪式和庆祝活动，这个家里谁最能忍受无解的问题，他为什么能忍受模糊性——因为性格、性别、年龄、生活经历还是宗教信仰。这些问题能帮助我了解，人们从小是如何被教导应对意义不明的情况的。

家庭仪式和庆祝活动往往能揭示出一个家庭的许多信息，我会以此为线索，了解这个家庭对模糊性的容忍度。我会问那些来做治疗的夫妻或家庭成员，在特殊的日子，比如节日、孩子出生、孩子成年、婚礼以及葬礼等，他们会举行什么样的仪式；孩子毕业时，获得表彰时，他们是如何庆祝的。为了确定究竟有哪些人被看作家庭成员，我会询问他们邀请了哪些人参加活动以及没有邀请谁，我还会询问大家在活动中各自承担什么角色，以及调整家庭仪式或庆祝活动的规则（包括隐性的和明确的）是什么。在做家庭讨论时，把话题集中在这些值得纪念的事情上，能够帮

模糊的丧失

助大家在不明确的丧失中找到意义。

每年的 11 月，奥尔森一家都会在家中共度感恩节。三代人围坐在大餐桌边，餐桌上摆满了食物和祖传的瓷器。奥尔森先生坐在主位，他是大家最尊敬的父亲、祖父。家人把烤好的火鸡放到盘子里，从厨房中端出来，摆到桌子上，仪式正式开始。接下来要由奥尔森先生来切这只二十磅重的火鸡。全家人坐好，所有人的目光都集中在他的身上。大家都期盼着这一刻。可是今年有点不对劲，奥尔森先生刚要切火鸡，手一打滑，火鸡从盘子里滑到了桌上，然后又掉到了地板上。大家都沉默着，最先开口的是奥尔森夫人，她担心地毯和古董桌布会沾上污渍。包括奥尔森先生在内的所有人都感到非常尴尬，因为他再也不能像以前那样优雅娴熟地完成这个节日仪式了。根据医生的诊断，奥尔森先生可能患有阿尔茨海默病。由于诊断结果还没有确定，大家都否认这个事实。但在感恩节这天，他们都看到了他能力的退化，不得不接受事实——奥尔森先生确实和以前不一样了。第二年，为了避免家人和奥尔森先生本人尴尬（因为他再也不能切火鸡了），奥尔森夫人建议取消

第八章 从模糊的丧失中寻找意义

感恩节的聚餐。

她没有调整庆祝活动的流程，而是直接取消活动，这种做法在遭受模糊的丧失的家庭中很常见。可是在家庭会议上，有些人（通常是年幼的孩子）极力主张继续举行庆祝活动。我会鼓励大家集思广益，看看能否换一种方式庆祝。针对奥尔森家的情况，既要避免尴尬，又要过一个有意义的节日，是否可以让其他人坐在祖父的位置？能否让祖母坐在餐桌的主位切火鸡？长子或女儿可以充当这个角色吗？回答是否定的。奥尔森家族中的人都不想让最尊敬的祖父离开那个位置。后来有人想出一个点子："我们可以一切照旧，只改变一点——让人在厨房把火鸡切好，然后端出来放在祖父面前，他还是坐在餐桌的主位，坐在旁边的人可以帮忙分火鸡。"这个点子看似简单，但意义深远。

奥尔森一家人平时的行事风格缺乏主动性和灵活性，所以之前大家都没有考虑过要适应和改变。祖父的健康状况越来越差，起初他们倾向于取消聚餐，后来做了一些调整，

模糊的丧失

给祖父端上来一只切好的火鸡。随着祖父症状的加重，大家变得更加灵活，不再坚持必须由男性长辈切火鸡。奥尔森夫人坐到了餐桌的主位，因为现在她是一家之主。祖父坐在她旁边。比起之前努力扮演自己无力承担的角色，祖父现在放松了许多。这件事说明，即使遭遇模糊的丧失，也不必取消庆祝活动和仪式。但相关的人必须先弄清楚丧失对他们来说意味着什么，再对家庭传统仪式做出调整。

如果一个人能够接纳某种状况，而不是一定要掌控它，他就能更主动、更灵活地改变一直沿用的模式。根据我的临床实践，我发现，无论什么年龄的人，只要有意愿，都可以做出改变。大家都重视家庭仪式，当他们知道不必取消仪式，只要稍做调整就可以时，都感到如释重负。

一个家庭是否能从模糊的丧失中找到意义，还与其精神信仰有关。在我的研究访谈和临床工作中，人们经常对我说，他们凭借着精神信仰获得了平静和力量。我访谈过这样一个家庭：已经成年的儿子和女儿来找我做家庭治疗，他们的父亲患有阿尔茨海默病，八十多岁的母亲承受了巨

第八章　从模糊的丧失中寻找意义

大的压力,他们很担心母亲会死在父亲前面。儿子和女儿都是大公司的高管,两个人显得很烦躁,说话语速很快,不停地看看母亲,又看看手表。

母亲平静地坐着。儿女看起来很焦虑,可她一点都不焦虑。儿子说:"妈妈,我们必须得做点什么,您为爸爸付出了这么多,一定承受了很大的压力。"母亲回答:"我没觉得有压力,有上帝在帮助我,保佑我。"女儿不耐烦地说:"可是,妈妈,您一定是有压力的。"

在我看来,两个成年子女充满焦虑、压力重重,而年迈的母亲却心平气和、乐天知命。她的负担确实很重,但她自己并不这么认为。两个子女甚至都没有帮忙照顾,可目前的情况还是给他们造成了很大的影响。

和他们一家人交谈时,我分享了自己旁观到的情况。在接下来的几次会议中,孩子们逐渐意识到,正是因为他们没有帮母亲的忙,所以才会越来越焦虑。我们一起讨论如何共同分担母亲的工作。他们工作都很忙,但都表示愿意出力。一个负责整理病历资料,另一个负责找临时看护或日间护理,这样母亲每周至少可以休息一个下午。最后,儿子和女儿笑着说,看起来有压力的是他们,而不是母亲。母亲也露出了会心的微笑,补充说道:"我知道上帝在帮我,你们也能帮我,我就更开心了。"

家中有老人患上阿尔茨海默病时,明尼苏达州北部的阿尼什纳比族女性也是从精神信仰中寻求力量。鲁比说:"长辈们一直教导我说,任何事的发生都是有原因的。我姑姑生病了,上帝让她生病是有原因的,这是我唯一能接受的说法。"另一位女士说:"我认为,上帝不会给你超出你能力范围的东西。正在发生的每件事都是我之前所做的事导致的,也就是说,我做的每件事都会把我引向另一件事。在我眼中,母亲就像我的孩子、孙辈一样。我们来到这个世界,最终都是要离开的。患了阿尔茨海默病的人已经完成了生命的轮回。"第三位女士解释说:"(我母亲)来到这个世界的时候是婴儿,然后沿着圆形的轨迹慢慢走向人生的终点,这个终点也是起点,她又变回了婴儿。"[2]经历模糊的丧失的人有着不同的精神信仰,对上帝的看法也各不相同,但他们有个共同点,就是能在不确定的处境中找到一些意义。

影响人们从模糊的丧失中找到意义的另一个因素是思维方式。有些人是乐观的,而有些人是悲观的。悲观者看到的半杯水是半空的,而乐观者看到的半杯水是半满的。有位女士一直在照顾大小便失禁的丈夫,她说:"我觉得他是在报复我,因为我以前总惹他生气。我早晚会被他拖累死的。"她的思维方式就是从最糟糕的角度看待需要照顾丈夫这件事。而与她有着相似经历的另一位女士说:"这是老天给我的最后一次机会,让我证明我有多爱我的丈夫。我相信自己能做到。"果然不出所料,第二位女士心态更乐观,抑郁症状比第一位女士少,健康状况也更好。两位女士看问题的角度不同,需要对她们采用不同的干预和治疗方法。

心理学家马丁·塞利格曼把乐观和悲观称为"思维习惯"。[3]他解释说:"悲观主义者倾向于认为坏事会持续很长时间,会毁了他们的一切,并且认为这全是自己的错。

而乐观主义者在面临同样的打击时，更倾向于认为失败只是暂时的挫折，不会将特定领域的失败泛化到其他方面。"乐观主义者认为，如果无法解决问题，那不是因为自己做得不好，而是外部环境或运气不好造成的。塞利格曼认为，拥有乐观思维的人不会被失败打倒，遇到糟糕的情况时，他们只会将其视为一种挑战，并更加努力。

只要心中充满乐观和希望，能好好陪伴临终的病人就是一种胜利；和已经离婚的伴侣共同抚养孩子也是一种胜利；孩子离开家后，明知道他回来后还是要走，仍欢迎孩子回来，这是一种胜利；继续寻找失踪的父母或孩子，这也是一种胜利。人类就是这样，反复把巨石推上山坡。如果我们抱着乐观的态度去做，那就不是荒唐之举。

最后一点，人们如何看待世界运行的方式，决定了他们能否从模糊的丧失中找到意义。如果认为世界应该是合情合理、公平公正的，那就无法容忍模糊的丧失。持这种观点的人认为自己得到的都是应得的，也就是说，如果我品行端正，努力工作，我就应该成功和幸福。相反，如果有人陷入困境，那一定是他犯了错误。他或他的家人一定是无能、懒惰或不道德的，所以他才会得到应有的惩罚。这样的观点是有问题的，因为坏事也会发生在好人身上，生病、遭遇自然灾害，都不是某个人的过错。这些无法控制的事件会给一个家庭带来严重的丧失，追究责任没有任何帮助。

如果一定要究其本源——"为什么会发生这样的事？"，那我们就必须准备好，不是简单地进行因果推理，而是学着接受不确定性。我们无法确切地知道为什么坏事会发生在好人身上，但我们确切地知道，并非所有的事都是个人行为导致的。要摆脱因果思维很难，因为大多数人被灌输的理念就是"世界是有理可依的"：母亲精神失常是因为饮食不当，孩子被绑架是因为父母让他独自去商店，丈夫酗酒是因为妻子爱唠叨。在临床实践中，我发现很多人都是线性思维，可能是因为人们有这样的内在需求，要找出所有问题的症结所在。人们坚信世界是公正的，如果不是这样，他们面临的丧失就是随机的，根本无法掌控。对许多人来说，这实在令人恐慌。

模糊的丧失

在简·斯迈利的小说《一千英亩》中,罗丝就认为世界应该是公正的。她对姐姐说:"吉妮,我知道我在想什么,因为我已经想了很久。在医院做完手术我就在想,妈妈去世了,爸爸如此不堪,皮特是个可怕的酒鬼,我自己又受伤了,只能把女儿们都送走。如果没有规则,该如何解释发生在我身上的这些事?这个世界上一定存在着某种东西:秩序、公平、公正。"[4]

在面对丧失和其他创伤性经历时,人们通常需要从某人某事上找原因。一位曾经做过战俘的士兵告诉我,他花了很长时间才理解自己被俘这件事。我请他解释一下。他说一开始他认为是自己身体不够强壮,跑得不够快,没能登上直升机,但是在被囚禁了一段时间后,他觉得不是自己的问题,而是别人的问题。我问:"是谁的问题呢?"他说:"是那些政客。"他不再自责,而是从外部找原因,他被俘这件事的意义因此而改变了,他和他的家人也终于释怀。

有些人既不自责也不责怪他人,而是把自己的不幸归咎于运气不好。要应对模糊的丧失,这种方法比自责更有效。

第八章 从模糊的丧失中寻找意义

将模糊的丧失归因于随机性，这也是对丧失的一种理解。我们所做的一切都是正确的，但事情还是发生了。我们不可能总是知道事情发生的原因，意识到这一点，就说明你找到了答案。

当你确定模糊的丧失是由外部因素造成的，而不是因为自身有问题，这个时候你既会觉得可悲，同时又会感到获得了解脱。丧失的问题并没有解决，但很多人从自身的悲剧中找到了意义。我们再来回顾一下贝蒂和肯尼·克莱因的故事。三个儿子失踪了，起初他们认为自己是不称职的父母，但当后来贝蒂再次怀孕时，她把这视为上帝对他们的认可。她说："上帝把孩子还给我们，不是为了取代已经失去的三个孩子，因为根本不可能取代。我想，在某种程度上，这是在向我们证明，我们一直都是称职的父母。"她甚至开始相信，她的不幸遭遇对其他父母有一定的意义："我们家出了这个事以后，我想其他父母都会把孩子看得更紧，外出的时候会紧紧地抱着孩子，我相信一定会这样。"[5]在她阳光明媚的家中听到她说的这番话，我感到无比钦佩，不由得想起卡尔·荣格的一句话："意义使人能够忍受许多事情，也许是所有事情。"[6]

自责是心理失调的表现，它会阻止我们继续前行。如果我们不能原谅自己或他人，我们就会一直沉湎于过去，无法释怀，也无法完成哀悼的过程。要疗愈模糊的丧失带来的创伤，就要尽量减少自责。针对这个问题，南非进行了一项政府实验。[7]

从1950年起，南非的种族隔离与种族压迫逐渐达到顶峰，南非进入历史上最黑暗、最恐怖的时期。不公平的制度引发了民间抗争，可是文献中没有关于在斗争中失踪的受害者的记录。由纳尔逊·曼德拉领导的新政府成立了"真相与和解委员会"，由享有盛誉的诺贝尔和平奖得主德斯蒙德·图图大主教担任委员会主席，而他发出史无前例的呼吁：通过赦免来换取罪恶真相的完全披露，实现加害者与受害者的和解。任何一个人，只要愿意在公共场合，当着受害者的面说出自己的罪行，那么无论他的行为有多么恶劣，都能获得宽恕。具体执行的形式是这样的：先由一位母亲讲述失踪的儿子的故事，然后加害者讲述他何时、在

第八章　从模糊的丧失中寻找意义

何处以及如何折磨并杀害了她的儿子。听了加害者的讲述，母亲了解了所有真相，清楚地知道儿子已经死亡。政府官员认为，让受害者当众讲出自己的痛苦与屈辱，让加害者供出所犯罪行，公开忏悔，求得宽恕，人们把积聚多年的恐惧、愤怒宣泄出来，最终都能得到救赎。而整个社会通过了解真相并和解，恢复理性并重建信任，最终能够达成共识。但前提是，忏悔和宽恕的过程是有效的。我还要补充一点，这个过程之所以有效，是因为能为家属提供更多失踪亲人的信息。不过，被赦免显然比被惩罚更有利，所以加害者的忏悔有可能不是出自真心。对于南非人民（还有其他国家中找不到亲人的人）来说，即使知道赦免机制并不完美，最终也能与模糊的丧失和解。我想，那些失踪儿童的父母如果能够得到确切信息，哪怕是罪犯提供的信息，也能从毁灭性的丧失中解脱出来。大多数父母都想确切地知道失踪儿童经历了什么，是否还活着，或者，如果孩子已经死了，想知道遗体在哪里。对父母来说，得到这些确定的信息比报复更有价值。因此，我们必须密切关注南非的实验，如果它成功了，我们就能应用这个方法来解决模糊的丧失的问题。

模糊的丧失

要找到丧失的意义，可以通过讲故事的方式。许多南非人是听着古老的部落故事长大的，这些故事通常都是关于受害者、加害者和宽恕的。美国原住民也通过讲故事来获得疗愈。如今，叙事分析再次兴起，证明讲故事有助于理解丧失。[8]也许，我们这些受过实证主义传统训练的人更应该认真听人们讲故事，这样才能听到新的问题，找到新的答案。更重要的是，我们能够从故事中了解到，对于一个家庭来说，与未解决的丧失共存具有什么新的意义，然后才能一起在混乱中寻找意义。

许多人告诉我，当他们试图理解模糊的丧失的时候，那些包含宗教仪式、象征和隐喻的古老故事很有帮助。一位阿尔茨海默病患者的家属说，他们一家人的观点各不相同，有点像20世纪早期日本作家芥川龙之介写的《罗生门》的故事。故事讲的是一个武士被杀，四个目击者分别描述了事件的经过，但每个人的说法都不一样。[9]他们对曾经发生的事情有着不同的看法，并且都坚信自己说的是事实。这个故事让家庭成员们意识到，亲人的"在"与"不在"是相对的，每个人都有不同的解读，所以对于丧失的理解不必追求完全一致。

在采访失踪飞行员的妻子时,我又听到了另一个故事。有几位女士经常提到圣埃克苏佩里的《小王子》,她们说,这本书帮助她们理解了丈夫失踪的事。我之前没读过《小王子》,还以为是给孩子看的,和她们交谈后,我马上找来看了。很快我就明白了为什么这本书对她们有帮助——不仅因为故事的主人公也是一位飞行员,因飞机故障迫降在撒哈拉沙漠,还因为这个故事充满了寓意,告诉我们处于"在"和"不在"的模糊状态是怎么回事,以及什么是真正重要的事。

小王子在田野上遇见了狐狸,他主动上前说:"请你和我玩吧。"狐狸拒绝了,它说它是一只没有被驯服的狐狸,如果想和它做朋友,就必须驯服它。驯服的意思就是建立联系。

> 如果你驯服了我,我的生活就一定会是欢快的。我会辨认出一种与众不同的脚步声。听到其他的脚步声我

模糊的丧失

会躲到地下去，而你的脚步声就像音乐一样，吸引我从洞里走出来。你看！你看到那边的麦田了吗？我不吃面包，麦子对我来说一点用都没有。我对麦田没有感觉。这真让人扫兴。但是，你有金黄色的头发。那么，一旦你驯服了我，这就会十分美妙。麦子是金黄色的，它会使我想起你。我甚至会喜欢上那风吹麦浪的声音……[10]

亲密关系里的驯服和被驯服从来都不对等，被驯服会让我们变得脆弱，遭受丧失之苦，可这样的冒险是值得的。从隐喻的角度看，每当我们眺望麦田或星空时，都会想起我们爱过的人，他或她在那一刻与我们同在。"我得到好处了，"狐狸说，"多亏麦田的颜色。"[11]在面对模糊的丧失时，即使无法理解，我们也要努力去理解。

理解亲人的"缺失"并继续前行，这个过程是很艰难的。阅读故事能够帮助人们理解自身处境，比起有科学依据的精确答案，隐喻和象征更能帮我们摆脱眼前的困境，在丧失中找到意义。通常情况下，当我们跳出常规思维时，就

第八章　从模糊的丧失中寻找意义

能很快理解过去无法理解的那些事。[12]

在家庭成员讲述模糊的丧失对他们来说意味着什么时，家庭治疗师和专业医师必须仔细倾听。由于文化、种族、民族、性取向以及年龄不同，他们的叙事也会有很大差异。这些叙事能给我们提供线索，让我们发现痛苦的根源，从而找到意义：他们感到不安是因为不清楚发生了什么吗？因为要像照顾孩子一样照顾父母，所以感觉很崩溃吗？是无助和内疚让他们觉得很痛苦吗？通过倾听他们的故事，我们不仅能够了解他们经历了什么，还能切实感受到他们的生存能力和抗压能力。

人们必须相信自己最终能将巨石推到山顶，如果没有这样的信念，照顾精神缺失的人或者等待失踪者回家，这些努力便都失去了意义。如果能够在无休止的等待中保持乐观，怀抱希望，那么等待就不是徒劳无功的。事实上，正是乐观、创造力和灵活性，让人们在模糊的丧失中找到意义。

Chapter 9

第九章　　　　　美 妙 的 不 确 定

经历了模糊的丧失以后，家庭成员通常能够更好地探索生活中其他的未知领域——在工作中敢于冒险，尝试去漂流，独自去国外旅行，甚至结婚。他们之所以能够承担风险，是因为学会了与不确定性共存。

在马勒的《第九交响曲》接近尾声的时候,有一段短乐章。几乎消失的小提琴声再次出现,整个弦乐都加入进来,逐渐发展壮大。低音复现了第一乐章中的几个片段,仿佛准备好重新开始一切,一遍又一遍,然后大提琴声消退,归于沉寂,就像呼气一样。在我听来,这几秒钟的音乐是一种美好的鼓励,仿佛在说:我们会回来的,我们还在这里,继续向前,向前。

——刘易斯·托马斯(Lewis Thomas),
《深夜聆听马勒〈第九交响曲〉的思考》
(*Late Night Thoughts on Listening to Mabler's Ninth Symphony*)

第九章 美妙的不确定

在诗人眼里，模糊的丧失既令人焦虑，又充满魅力，触及心灵。我们都知道，在某种程度上，人与人的关系是没有确定性可言的。里尔克建议年轻诗人"热爱问题本身"；济慈发明了一个重要的诗学概念"消极能力"；艾丽斯·沃克告诉我们，"要做计划，但不要以为一切都会按照你的计划进行……没有任何期待，反而会收到意外的惊喜"。[1]这些跨越了几个世纪的诗人阐述了一个共同的主题——模糊性不会毁灭我们。

亲人处于模糊不清的状态，确实令人难过，但模糊的丧失在给人带来压力的同时，也能带来一些好处。困惑和不确定中蕴藏着创造力，让我们有机会发现新的生存方式，更有目标性，能够更快速地成长。

八年来，普利布兰克一家一直承受着巨大的痛苦。父亲罗恩患有渐冻症，这些年他们眼睁睁地看着父亲的生命一点点消逝，从进行性的肌无力到肢体瘫痪，到最后只能眨眨眼睛。在父亲患病初期，父母都表现得毫不畏惧，让孩子们看到，他们是如何充分利用剩余时光，活出精彩人生的。他们一起交流现状，一起努力去理解这一切意味着什么。罗恩已经用上了呼吸机，在朋友们的帮助下，家人一次次突破生命的极限，用轮椅推着罗恩去看外面的世界：去听交响乐，去看大海，去优胜美地看他曾经攀登过的山峰。面对模糊的丧失，这个家庭逐渐学会了与模糊性共存。大家都知道渐冻症是不治之症，而疾病的发展进程又是不确定的，难以预测。罗恩的夫人埃伦·普利布兰克也是心理治疗师，多年以后，她对我说，在丈夫患病期间，她从痛苦经历中学到的是：对于无法解释的事，不要期待有合理的解释。对于无法控制的事，要学会放手。在别人深陷痛苦的时候，尽量多陪伴。她从不认为自己需要帮助，但她也承认："如果我没有学会求助和大方地接受帮助，我们根本无法在这样的逆境中生存下去。"[2]

经历了模糊的丧失以后，家庭成员通常能够更好地探索生活中其他的未知领域——在工作中敢于冒险，尝试去漂流，独自去国外旅行，甚至结婚。他们之所以能够承担风险，是因为学会了与不确定性共存。

第九章　美妙的不确定

模糊性能够让人减少对稳定性的依赖,更具有主动性,乐于接受变化。然而,有些人会觉得这样的状态令人恐惧,尤其是那些习惯于掌控一切的人。面对模糊的丧失,我们要做的就是放手,即使不知道要去往哪里,也要冒着风险前行。我们不能停滞不前或安于现状,而是要行动起来,做出改变。

大多数人都体验过丧失和模糊性——这两个要素相结合,就是模糊的丧失,在生活中很常见。和普通的丧失相比,模糊的丧失包含了一些有利因素,因为人们还能期待一个积极的结果。维克多·弗兰克尔在描述纳粹集中营的生活时,将其称为"悲剧性的乐观主义"。[3]我采访的一些年长家庭将其称为"一线生机",吉尔达·拉德纳称其为"美妙的不确定"。

39岁的拉德纳正在与晚期卵巢癌作斗争。她写了一本书记录生病的过程,本来想在书的结尾宣布自己的康复,最后却写下了对模糊的致敬:"现在我终于明白,有些诗不押韵,有些故事没有清晰的开头、中间和结尾……就像我的人生。这本书的内容是关于未知，在你不知道未来会发生什么的时候，你不得不改变，把握当下，充分利用时间。美妙的不确定……也许我永远无法控制恐惧和惊慌，但我已经学会了好好把握如何度过每一天。"[4]拉德纳于1986年去世。

和患者相比，患者的家人往往要花更长的时间与模糊性作斗争，因为他们必须努力从丧失中找到意义，拨开迷雾，冒险前行。渐渐地，他们重新获得了一些掌控感，并且能够做出决定，应对丧失。他们常常会做一些有意义的事情，让悲剧性的丧失变得有意义。拉德纳的丈夫、演员吉恩·怀尔德开发了吉尔达遗传性癌症项目，用来筛选卵巢癌高风险患病人群，同时还创立了吉尔达俱乐部，为癌症患者及其家属提供支持。

有许多像怀尔德这样的患者家属，通过加入由相同经历的人组成的团体，获得了迫切需要的信息和支持。要想让心态变得乐观，除了加入支持性团体，还有其他方式，应对策略因人而异。有些人在宗教中找到希望，有些人在艺术中找到希望,还有些人认为,牧师、拉比、神父、巫师甚至艺术家只是在给我们制造幻觉,试图说服我们"希望就在前方"。[5]作为治疗师、朋友和团体中的成员,重要的是要认识到,那些遭受模糊的丧失的人都有自己独特的应对方式,只要他们的应对策略是安全的,无论结果会怎样,我们都要支持他们。

我们可以通过关注当代家庭日常生活中的普遍矛盾,以及重大疾病和创伤性事件引发的严重矛盾,来学习如何应对不确定性。能够从容应对日常生活中的模糊的丧失,将有助于我们准备好面对更严重的不确定性。比如,大部分人既要赚钱养家,又要养育子女,两者之间存在着模糊地带。对孩子来说,父母总是处于"在"与"不在"的模糊状态,因为他们要平衡工作和家庭的需求。尤其是在进行重要的家庭庆祝活动时,这种困惑会给孩子带来很大压力。

帕特里夏·施罗德是众议院的议员,也是两个孩子的妈妈,她讲述了自己如何把模糊性中的消极因素转化为积极因素。她说在给孩子举办生日派对时,她把私人生活与工作事务融合到了一起。"我们这里要求管理者全身心投入工作,放弃私人生活,他们不知道家庭和谐意味着什么。"她对众议院议长蒂普·奥尼尔说:"今天我可以加班,但是我要用一下你的餐厅,可能会有小丑和十个五岁左右的孩子过来,请通知国会警察做好准备。"议长同意了,孩子的生日派对就在议长的餐厅举行。这位母亲采取的方式既满足了孩子的需求,同时又没有影响自己的工作,巧妙地化解了"在"与"不在"的模糊不清的问题。她没有因为工作取消孩子的生日派对,而是更改了庆祝的地点,让仪式如期举行,并且她全程参与。在这个例子中,模糊性被转化为积极的体验,这种做法非常有创意。[6]

在日常生活中,父母工作繁忙并不是造成模糊的丧失的唯一因素。如今,医疗技术不断进步,大大延长了各类病患和脑损伤患者的生命。人工授精、试管婴儿、代孕母亲的出现,使得生育问题变得更加复杂,"影子父母"逐年增加,领养家庭的数量也在增加。出于经济方面的考虑,长期以来,新移民和流动人口大多选择几代人同堂的方式,

第九章 美妙的不确定

如今这在中产阶层家庭中也越来越普遍。父母都外出工作，祖父母（外祖父母）负责照顾孙辈，子女成年后，仍然住在家里。

模糊性在日常生活中普遍存在，有时甚至会让人啼笑皆非。东京的横滨中央公墓前有个机器人僧侣，每天早上都会为刚去世的人诵经。它会眨眼睛，嘴巴也会动。问题是：这个僧侣是"在"还是"不在"呢？

我们渴望确定性，这很正常，而永远找不到确定性，这也很正常。随着科学技术的发展，我们不仅能延长生命，还能克隆生命。家庭破裂的情况愈发严重，在日常生活和工作中，人们经常会对家人"在"还是"不在"产生困惑，模糊的丧失的现象急剧增加，因此我们更有必要学会应对压力，积极生活。归根结底，我们需要的不是确定性，而是接纳模糊的丧失。

在某种程度上，人与人的关系充满矛盾——人在身边，但心不在。或者心是相通的，却无法见到人。很多人都需要照顾身患重病的家人，还有一些人的家人在地震、洪水、火山爆发、火灾中丧生，尸体无法找到。身处这样的困境，悲伤无法以平常的方式化解。由于种种原因，我们再也无法与亲人建立连接，如果不能直面丧失带来的痛苦，对亲人的思念就会一直影响我们，让我们无法继续前行。

这让我回到了最初的起点。作为研究者和家庭治疗师，我的任务就是帮助个体、夫妻和家庭应对模糊的丧失带来的压力。在工作期间，我不禁回想起自己的家庭，对自己的经历有了更清晰的认识。1990年仲夏，我开车回到威斯康星州南部的家乡，陪伴病重的老父亲。他的身体已经衰竭，但头脑还像以前一样敏锐。我们聊得很愉快，在医院的时候也是如此。我们聊起很多新闻事件，比如柏林墙的倒塌，还谈到了死亡——他即将面临的死亡。他说他这一生没有遗憾，已经做好了离开人世的准备。他让我照顾好母亲，不要忘记他。对我来说，这两件事都不难做到。

那天晚上，护士说父亲的情况很稳定。我知道我们还有一些时间，就离开了医院。我回到父母家，睡在母亲的房间。房间很整洁，床上铺着外祖母一针一线亲手缝制的床单，床单上有用象牙色纱线绣成的漂亮的花朵和叶子的图案。这是外祖母的杰作。有位乡村医生建议她做一些手工活，以缓解思念家乡的痛苦。这位医生曾经在社区中接诊过许多患有身体疾病和抑郁症的瑞士移民，后来他成立了一个组织，也就是我们今天所说的心理教育小组。[7] 有了新的爱好以后，外祖母的生活变得有意义了。她不仅擅长针织，以前还在瑞士的纺织厂工作过，纱线的触感让她仿佛回到了家乡。这张床单象征着外祖母的思乡病被治愈了，而在陪伴父亲走向生命尽头的日子里，也是这张床单抚平了我的焦虑，让我感到特别温暖。

父亲又弥留了几个月。他很清楚自己的病情，他说："我随时都可能死去，到了我这个年纪就是这样。"但他马上又补充道，"他们刚才给我安排了一个女医生。看着她，我的心情好了很多。"他说这话的时候眼睛里闪着光。我笑了，此刻的他又是我熟悉的那个父亲了，像艺术家一样，善于发现生活中的美好。

模糊的丧失

十月底，父亲心脏衰竭，再过几天就是他八十七岁生日了。根据研究悲伤的专家的说法，父亲的去世是正常离世，也就是说，他在晚年去世，死亡是意料之中的事。然而，我无法忘记最后那几个月的痛苦，父亲还活着，还在这里，我能够触摸到他，但我又很清楚他就要离开了。在我看来，一切都是灰色的，所有的东西都模糊不清。那一刻我才知道，即使是意料之中的、能够提前预知的死亡，也存在着某种程度的模糊性。同时，我也第一次亲身感受到模糊的丧失积极的一面——它给了我时间告别。我们并不是都有机会和即将去世的亲人说再见。

我们所有人面临的困境都是要让模糊的局面变得清晰，大多数情况下，我们做不到这一点，那么关键问题就是如何与模糊的丧失共存。对每个人来说，答案都是不同的。但提出问题往往比给出答案更重要。

第九章　美妙的不确定

注释

第一章　无法化解的悲伤

［1］这里所说的"模糊的丧失"仅限于人际关系。精神病学家提到过"矛盾心态"，社会学家提到过"边界渗透性"和"角色混乱"，但这些术语都无法涵盖我所说的"模糊的丧失"的含义。

［2］早在1970年，亚伦·拉扎尔博士就发现，那些寻求心理健康服务的患者感到痛苦的主要原因就是未解决的悲伤。他简要论述了丧失带来的不确定感和各种困难。参见：A. Lazare, "The difference between sadness and depression," Medical Insight, 2 (1970): 23–31;and A.Lazare,*Outpatient Psychiatry: Diagnosis and Treatment*,2nd ed.(Baltimore: Williams & Wilkins,1989), pp.381–397. 同时参见：K.J.Doka, ed., *Disenfranchised Grief* (New York: Lexington Books,1989).

［3］P. Boss, D. Pearce-McCall, and J. S. Greenberg, "Normative loss in mid-life families: Rural, urban, and gender differences," *Family Relations*, 36 (1987): 437–443.

［4］我使用的是宗氏抑郁自评量表和老年抑郁量表，来评估抑郁症状。参见：J. Yessavage and T. Brink, "The development and validation of a geriatric depression screening scale," *Journal of Psychiatric Research*, 17 (1) (1983): 37–49.

［5］这项定性研究由明尼苏达大学 All-University Council on Aging 提供资助，1992–1993, P. Boss, principal investigator, "Caregiver Well-Being in Native American Families with Dementia." See P. Boss, L. Kaplan, and M. Gordon, "Accepting the circle of life," *Center for Urban and Regional Affairs Reporter*, 25, 3(1995): 7–11.

第二章　没有告别的分离

［1］W. I. Thomas and F. Znaniecki, *The Polish Peasant in Europe and America*, 5 vols. (Boston: Badger, 1918–1920).

［2］*Minneapolis Star Tribune*, March 30, 1997, p. A14.

［3］D. Fravel, H. Grotevant, P. Boss, and R. McRoy, "Refining and extending the boundary ambiguity construct through application to families experiencing various levels of openness in adoption," *Journal of Marriage and the Family* (forthcoming).

[4] H. Garland, *A Son of the Middle Border* (New York: Grosset & Dunlap with Macmillan, 1917), p. 238.

[5] Ibid., p. 63. 加兰是最早关注移民边疆的女性问题的人之一。他早年随父母移居，家里安排他帮助母亲和祖母，让他得以了解中西部边疆女性的经历。

[6] W. D. 埃里克森撰写了《伟大的慈善：明尼苏达州圣彼得市的第一家精神病院》（*The Great Charity: Minnesota's First Mental Hospital at St. Peter, Minn.*）一书（自费出版，1991年），讲述了圣彼得精神病院的历史。在研究1866年至1991年这段时期时，他意外地发现，自己的曾祖母就是在这家精神病院寻求庇护的女性之一，她在那里度过了余生。

[7] M. B. Theiler, *New Glarus' First Hundred Years* (Madison, Wis.:Campus Publishing Co., 1946), pp. 34–35.

[8] G. Jacobsen-Marty, *Two for America* (Blanchardville, Wis.: Ski Printers, Inc., 1986).

[9] Irish Folklore Department, manuscript 1411, University

College,Dublin, Ireland.

［10］Ellis Island Oral History Project, "Interview with B. SmithSchneider," Ellis Island Immigration Museum (1986).

［11］P. Boss, "The experience of immigration for the mother left behind: The use of qualitative feminist strategies to analyze letters from my Swiss grandmother to my father," *Families on the Move: Migration,Immigration, Emigration and Mobility, special issue of Marriage and Family Review*, 19 (3/4) (1993): 365–378.

［12］S. Akhtar, "A third individuation: Immigration, identity, and the psychoanalytic process," *Journal of the American Psychoanalytic Association*, 43 (4) (1995): 1051–1084.

第三章　并未分离的告别

［1］ *Losing It All* (HBO Production, Time-Warner Productions, Inc.,1991). Documentary film was written, edited, and produced by M.Meirendorf. P. Boss was a consultant.

［2］ P. Boss, W. Caron, J. Horbal, and J. Mortimer, "Predictors of depression in caregivers of dementia patients: Boundary ambiguity and mastery," *Family Process*, 29 (1990): 245–254.

[3] *Losing It All*.

[4] T. Sewell, *Mom's Quotes* (self-published, 1991).

[5] T. Sewell, *I Am Not Fictional* (video in production).

[6] R. M. Rilke, trans. S. Mitchell, *Letters to a Young Poet* (New York: Random House, 1984).

[7] Willa Cather, *My ántonia* (Boston: Houghton Mifin Co.,1918), p. 127. 小说家薇拉·凯瑟（Willa Cather）曾经描写过很多移民女孩，她们年纪轻轻就离开了家，到别人家做女佣。

第四章　错综复杂的情感

[1] A. Lazare, *Outpatient Psychiatry: Diagnosis and Treatment*, 2nd ed. (Baltimore: Williams & Wilkins, 1989), pp. 389, 393; L. A. King and R. A. Emmons, "Psychological, physical, and interpersonal correlates of emotional expressiveness, con_ict, and control," *European Journal of Personality*, 5 (1991): 131–150.

[2] M. Robert and E. Barber, "Sociological ambivalence," in

Socio logical Ambivalence and Other Essays (New York: The Free Press,1976), pp. 1–31. 并参见：A. Weigert, *Mixed Emotions: Certain Steps toward Understanding Ambivalence* (Albany: State University of New York Press, 1991); McLain and A. Weigert, "Toward a phenomenological sociology of family," in W. R. Burr, R. Hill, F. I. Nye, and I. L.Reiss, eds., *Contemporary Theories about the Family*, vol. 2 (New York: The Free Press, 1979), pp. 160–205. 关于更多近期的研究成果，参见：K. Luescher and K. Pillemer, "Intergenerational ambivalence: A new approach to the study of parent-child relations in later life," *Journal of Marriage and the Family*, vol. 60 (1998), pp. 413–425.

[3] *Good Morning America* (American Broadcasting Company, May 10, 1997).

[4] A. M. Freedman, H. I. Kaplan, and B. J. Sadock, *Modern Synopsis of Comprehensive Textbook of Psychiatry* (Baltimore: Williams & Wilkins, 1972), p. 105. 厄勒克特拉情结（又称恋父情结）被认为是女性版的俄狄浦斯情结（又称恋母情结）。女孩发现自己没有男性的性器官，觉得自己有缺陷，于是产生"阴茎妒羡"，并且把这一切都

归罪于母亲，永远无法原谅她，有强烈的丧失感和受伤的感觉。

[5] D. H. Hwang, *M. Butterfly* (New York: Plume, 1989).

[6] 在处理矛盾心理时，自责是个核心问题。然而，迄今为止我们尚未探讨过，当一个人遭遇模糊的、无法解决的丧失时，该如何化解自责。

[7] S.Spielberg ,*ET: TheExtra-Terrestrial*, UniversalCity Studios, 1982.

[8] B. D. Miller and B. L. Wood, "Childhood asthma in interaction with family, school and peer systems: A developmental model for primary care," *Journal of Asthma*, 28 (1991): 405–414; B. D. Miller and B. L. Wood, "Influence of specific emotional states on autonomic reactivity and pulmonary function in asthmatic children," *Journal of the American Academy of Child and Adolescent Psychiatry*, 36:5 (1997):669–677.

第五章　跌宕起伏的心情

[1] P. Boss, *Family Stress Management* (Newbury Park, Calif.: Sage Publications, 1988, rev. ed. 1999). 这项研究是基于

家庭压力理论的提出者、社会学家鲁本·希尔（Reuben Hill）早期的研究成果。

[2] D. Fravel and P. Boss, "An in-depth interview with the parents of missing children," in J. Gilgun, K. Daly, G. Handel, eds., *Qualitative Methods in Family Research* (Newbury Park, Calif.: Sage Publications,1992), pp. 126–145.

[3] S. Fisher and R. L. Fisher, *The Psychology of Adaptation to Absurdity* (Hillsdale, N.J.: Lawrence Erlbaum Associates, 1993), p. 183.

[4] C. Middlebrook, *Seeing the Crab* (New York: Basic Books, 1996), p. 211.

[5] Fravel and Boss, "An in-depth interview," p. 140.

[6] Ibid., p. 136.

[7] P. Boss and D. Riggs, *The Family and Alzheimer's Disease: Ambiguous Loss* (Minneapolis: University of Minnesota Media Productions, 1987).

[8] Ibid.

第六章　家庭假设

[1] 关于马特奥·萨博格的记录（华盛顿特区，越南战争纪念碑，国家公园管理局）。我和那里的园林管理员交谈过，据他说，报纸上把萨博格先生的名字错写成了 Matheus（应是 Mateo）。墙上写的名字是马特奥·萨博格（Mateo Sabog）。虽然也有其他士兵的名字被误列入阵亡名单，但只有马特奥的家人不知道他还活着。

[2] *Losing It All* (HBO Production, Time-Warner Productions, Inc.,1991), written, edited, and produced by M. Meirendorf.

[3] C. R. Figley, ed., Mobilization, *Part I: The Iranian Crisis. Final Report of the Task Force on Families of Catastrophe* (West LaFayette, Ind.: Purdue University Family Research Institute Press, 1980).

[4] 关于他们的说明，请参阅网站信息：http://www.net4tv.com/color/80/iranhost.htm.

[5] *Losing It All*.

[6] Ibid.

[7] Ibid.

[8] E.Goffman, Frame Analysis (New York: Harper and Row,1974). 社会学家戈夫曼认为，人们在社会生活中使

注释

用特定的诠释框架来理解日常生活。通过对社会角色、社会情境的诠释，人们能够了解特定场景中自己应有的交往行为和表现，从而协调与他人的互动行为，使日常生活井然有序。在他看来，死亡自有其框架，个人无法判定家庭成员是生是死。他错了。

[9] J.Powers, Boston Globe Magazine, March 10, 1996, p. 5.

[10] 乔治·赫伯特·米德（George Herbert Mead）以其符号互动论闻名，他认为人们通过语言、文字、手势、表情等象征符号进行交往，最终达成共识。社会意义建立在对别人行为的反应的基础上。米德的符号互动论在心理学界及社会学界有较大的影响，成为20世纪20年代美国社会学界的一个重要学派。参见：G. H. Mead, *On Social Psychology: Selected Papers, ed. Anselm Strauss* (Chicago: University of Chicago Press, 1934).

[11] S. Tamaro, *Follow Your Heart* (New York: Doubleday, 1994), p. 56.

第七章　转折点

[1] D. Reiss, The Family's Reconstruction of Reality (Cambridge, Mass.: Harvard University Press, 1981).

［2］ William F. Buckley's interview with Mother Teresa (PBS, July 13,1989).

［3］ 明尼阿波利斯的退伍军人管理医院把家庭会议作为一种干预措施，这也是我和阿尔茨海默病的护理者合作开展的老年科学研究的一部分。在我的工作实践中，也会帮助有慢性精神疾病患者的家庭安排家庭会议。在家庭治疗界，这种方法被认为是结合了象征性经历和叙事传统的心理教育方法。

［4］ 参见：R. V. Speck and C. L. Attneave, *Family Networks* (New York: Pantheon, 1973). 印度裔美籍家庭治疗师卡罗琳·阿特尼夫（Carolyn Attneave）写道："每种文化都包含所有可能的价值观。价值观之间有差异，并不是因为观点截然相反，而只是因为个人偏好和优先级不同。"（P.62.）

第八章　从模糊的丧失中寻找意义

［1］ C. B. Avery, ed., *The New Century Classical Handbook* (New York: Appleton-Century-Crofts, Inc., 1962), p. 1015. 同时参见：A. Camus, *The Myth of Sisyphus and Other Essays*, trans. Justin O'Brien(New York: Vintage Books, 1955), p.90.

[2] P. Boss, L. Kaplan, and M. Gordon, "Accepting the circle of life," *Center for Urban and Regional Affairs Reporter*, 25, 3 (1995): 7–11; 同时参见：P. Boss, *"Family values and belief systems,"* in Family Stress Management (Newbury Park, Calif.: Sage Publications, 1988),pp. 95–108, and discussion on just-world theory,pp.118 and 127–129.

[3] M. E. P. Seligman, *Learned Optimism* (New York: Pocket Books, 1990). 参见他对抑郁情绪的描述："悲观的解释风格是抑郁思维的核心……"(p. 58.) 同时参见：p.5.

[4] J. Smiley, *One Thousand Acres* (New York: Fawcett Columbine Books, 1991), p. 235.

[5] D. Fravel and P. Boss, "An in-depth interview with the parents of missing children," in J. Gilgun, K. Daly, G. Handel, eds., *Qualitative Methods in Family Research* (Newbury Park, Calif.: Sage Publications,1992), pp. 140–141.

[6] C. Jung, *Memories, Dreams, and Reflections* (New York: Pantheon Books, 1961), p. 340.

[7] K. Asmal, L. Asmal, and R. S. Roberts, *Reconciliation through Truth* (New York: St. Martin's Press, 1997).

[8] 参见：A. Antonovsky, *Health, Stress and Coping* (San Francisco: Jossey-Bass, 1979); A. Antonovsky, *Unraveling the Mystery of Health*(San Francisco: Jossey-Bass, 1987); P. L. Berger and T. Luckmann, *The Social Construction of Reality* (New York: Anchor Books,1966); J. Patterson and A. Garwick, "Levels of meaning in family stress theory," *Family Process*, 33 (1994): 287–304; V. Frankl, *Man's Search for Meaning* (New York: Touchstone, Simon and Schuster, 1984). 同时参见：A. Miller, "The empty chair," in *Collected Plays* (New York: Viking,1957), p. 8. Miller wrote about the universal themes of loss, aborted grieving, and meaning.

[9] R. Akutagawa, "In a grove," in *Rashomon and Other Stories*(Rutland, Vt., and Tokyo: Charles E. Tuttle Company, 1952), pp. 13–25. This is a Zen story about the balance of illusion and reality.

[10] Antoine de Saint-Exupéry, trans. Katherine Woods, *The Little Prince* (New York: Harcourt Brace Jovanovich, 1971), p. 83.

[11] Ibid., pp. 86–87.

[12] 科学家们并不否认意义以及意义在帮助人类避免痛苦方

面的重要性，有越来越多的医学研究证实，意义会影响健康。参见：B. D. Miller and B. L. Wood, "Influence of specific emotional states on autonomic reactivity and pulmonary function in asthmatic children," *Journal of the American Academy of Child and Adolescent Psychiatry*, 36:5 (1997): 669– 677; A. Antonovsky, *Health, Stress and Coping* (San Francisco: Jossey-Bass,1979); A. Antonovsky, *Unraveling the Mystery of Health* (San Francisco: Jossey-Bass, 1987); and A. Ellenberger, The Discovery of the Unconscious (New York: Basic Books, 1970). 埃伦伯格曾经写到过一位叫弗兰克的病人，他因剧烈胸痛住进了冠心病监护病房。病人认为这是心脏病发作引起的。为了打发无聊的时间，他学会了控制自己的血压。出院的时候，埃伦伯格医生问他是怎么做到的，他说："我给这件事赋予了意义。如果我想让心率下降，我就闭上眼睛，把注意力集中在我的胸痛上。我让它告诉我，这只不过是消化不良，或者是肌肉疼痛。我知道这没什么大不了的，明天我就能回去工作了。如果我想让心率上升，那我就改变其意义，我往最坏处想，我真的得了心脏病，再也不能工作了，只能等待着大难降临。"引自：

模糊的丧失

L. Dossey, Alternative Therapies, vol. 1, no. 3 (July 1995), p.10. 弗兰克的案例表明，意义会对压力水平和医疗结果产生影响。

第九章 美妙的不确定

[1] *The Letters of John Keats*, ed. M. B. Forman, 4th ed. (London:Oxford, 1952), p. 71. 济慈将"消极能力"（negative capability）定义为：一个人乐于处在不确定、神秘、疑惑之中，而不是焦躁地寻求事实真相及其支撑的理由。同时参见：A. Walker, *Anything We Love Can Be Saved* (New York: Random House, 1997).

[2] E. Pulleyblank and T. Valva, *My Symptom Is Stillness: An ALS Story* (Berkeley, Calif.: East Bay Media Center, 1991); E. Pulleyblank, "Hard lessons," *The Family Therapy Networker* (Jan./Feb. 1996),pp. 42–49, and personal communication, Sept. 1998.

[3] V. Frankl, *Man's Search for Meaning* (New York: Touchstone,1984).

[4] G. Radner, *It's Always Something* (New York: Avon Books,1989), pp. 267–268. 在圣莫尼卡健康中心时，她的

互助小组组长乔安娜·布尔经常对癌症患者使用"美妙的不确定"一词。

[5] S. Fisher and R. L. Fisher, *The Psychology of Adaptation to Absurdity* (Hillsdale, N.J.: Lawrence Erlbaum Associates, 1993),p. 183. See also D. Brissett and C. Edgley, *Life As Theater* (Chicago:Aldine Pub. Co., 1975), p. 107.

[6] R. Toner, *New York Times*, Feb. 9, 1996, section A, p. 24,column 1.

[7] J. Schindler, *How to Live 365 Days a Year* (Englewood Cliffs,N.J.: Prentice-Hall, Inc., 1954).

致谢

自 1974 年以来，我一直从事婚姻和家庭治疗师的工作以及教师工作，同时还在威斯康星大学麦迪逊分校和明尼苏达大学做研究工作，这两所大学都以推崇经验主义闻名。在波士顿的贝克法官儿童诊疗中心工作的那一年，我对两个主题产生了兴趣：一是叙事分析，二是倾听别人的故事有什么价值。1996 学年，我在哈佛医学院贝克法官儿童诊疗中心的精神病学系担任客座心理学教授。特别感谢诊疗中心主任、哈佛医学院精神病学教授斯图尔特·豪瑟给我这个机会，是他促使我写了这本书。我还要感谢儿童诊疗中心和剑桥的同事们为我提供了许多新的见解。感谢美国国家心理卫生研究所的博士后们，我们一起讨论家庭研究时，他们的观点给我很多启发。

在贝克法官儿童诊疗中心工作的那一年，我一直住在剑桥，那里的环境特别适合写作。感谢布什基金会提供的布什学术休假奖励，让我有机会搬到剑桥居住。

1996年夏天，我去蒙特利尔的麦吉尔大学访问，与克里族和因纽特治疗师以及研究生们交流。感谢跨文化精神病学系主任、精神病学教授劳伦斯·基尔麦耶，感谢皇家维多利亚医院的精神科主任、麦吉尔大学精神病学教授赫塔·古特曼，感谢他们邀请我来这里，并针对模糊的丧失的问题提出了许多有益的见解。

本书内容是基于1973年至今的研究和临床工作。我的观点源自多年来的临床观察，非常感谢最初支持我验证观点的人。现在，我发现这些观点也源自我的个人经历。关于身体"缺失"引发的模糊的丧失的研究，由美国海军健康研究所、圣地亚哥战俘研究中心（家庭分部）、威斯康星大学麦迪逊分校研究生院、威斯康星大学实验站、明尼苏达大学实验站（1981年起）和家庭社会学系提供经费支持。

1986年至1991年，关于精神"缺失"引发的模糊的丧失的研究得到了美国国家老龄化研究所的资助，项目编号为No.1-POI-AG-06309-01，项目编号为No.5："失智病对于阿尔茨海默病患者家庭以及照护者的社会心理的影响"。我是这个项目的主要研究者。其余研究机构包括：明尼苏达大学实验站和家庭社会学系、明尼苏达大学研究生院。这项研究是与明尼阿波利斯的退伍军人管理医院合作开展的。

关于"美国原住民失智病患者家庭中的照护者的心理健康状况"的研究项目（1992—1993），由明尼苏达大学老龄化委员会提供资助，明尼苏达大学实验站和家庭社会学系也为该项目提供了资金支持。

感谢我的同事大卫·赖斯、简·戈德曼、比阿特丽斯·伍德、约翰·德弗林、特伦斯·威廉姆斯、韦恩·卡伦、黛博拉·刘易斯·弗拉维尔、乔伊斯·派珀和洛里·卡普兰，以及研究生拉克沙·戴夫·盖茨、西露·程·斯图尔特、凯里·谢尔曼和凯文·多尔。感谢他们帮忙审阅最初的书稿，提出了许多宝贵建议，让我顺利完成本书的写作。还要感谢杨成恩，为我完成终稿提供了技术支持。我要特别感谢我的编辑伊丽莎白·诺尔，之前的书稿术语过多，理论过于复杂，是她及时纠正了我。

多年来，我从许多家庭和个人身上学到了很多，我非常感激他们。他们让我学会了观察，而不是只停留在理论层面。要特别感谢我最爱的母亲，韦雷娜·玛格达莱娜·格罗森巴赫－埃尔默。她今年八十七岁，仍独自居住在威斯康星州南部的家中，积极参与家庭、朋友、社区和教会的活动。我每次去看望她时，都会看到家里的墙上挂满了父亲的画，每个房间都有外祖母的刺绣，每张桌子上都摆着姐姐的照片——有小时候的照片，也有新拍的照片。这些物件让我想起离开我们的亲人。随着岁月的变迁，很多事都已改变，但这些象征着亲人的存在的物件，让我和我的孩子、孙辈感到无比自豪和安心。

最后，我要感谢我的丈夫德利里格斯，在我写作时给予我全方位的支持。